职业教育无人机操控与维护专业教材

无人机组装与调试

✄ 主编 陈永杰 李刘求

高等教育出版社·北京

内容提要

本书是职业教育无人机操控与维护专业教材，依据职业院校对相关专业的要求，并参照最新颁布的"1+X证书"——"无人机驾驶技能等级证书"的要求编写而成。

本书主要内容包括认识无人机、认识多旋翼无人机的工作原理、安装与调试无人机飞控系统、安装与调试无人机动力系统、安装与调试无人机通信链路系统、安装、调试和使用无人机地面站系统以及组装和调试多旋翼无人机整机。

本书配套有辅教辅学资源，请登录高等教育出版社 Abook 网站 http://abook. hep.com.cn/sve 获取相关资源。详细使用方法见本书"郑重声明"页。

本书适合职业教育无人机操控与维护专业使用，也可作为"1+X证书"试点无人机相关项目职业技能等级证书培训教材。

前　言

本书是职业教育无人机操控与维护专业教材，依据职业教育对相关专业的要求，并参照最新颁布的"1+X证书"——"无人机驾驶技能等级证书"的要求编写而成。

本书的编写遵循职业院校学生的学习规律和认知特点，将理论知识与实训有机融合，让学生在项目实施过程中对无人机工作原理、无人机控制原理以及无人机各分系统的选择和工作原理等知识和技能融会贯通，真正做到在培训技能中强化理论。本书突出体现了以下特点：

1. 以项目为载体

本书以组装与调试多旋翼无人机作为主线，分为7个项目，以项目为载体，从认识无人机、多旋翼无人机工作原理到无人机的飞控、动力、通信子系统，再到多旋翼无人机的整机组装，循序渐进地帮助学生学习无人机基本原理和组成，让学生学会选择、组装和调试多旋翼无人机，注重培养学生的实际操作和实际应用能力，为学生"1+X证书"考证奠定坚实基础。

2. 对接岗位标准

本书对接无人机驾驶员岗位标准，以无人机驾驶员岗位的工作任务要求和"1+X证书"——"无人机驾驶技能等级证书"的认证标准为导向进行编写。本书对具体岗位工作任务进行了深入分析，重视无人机相关职业能力培养，将岗位能力要求转化为教学知识点和技能点，将具体的工作情境转化为教学情境，突出产教融合、工学结合。

3. 注重基础

"无人机组装与调试"是无人机操控与维护专业的

核心课程，通过无人机气动结构布局的选择与设计、飞控系统的选择与调试、动力系统的选择与调试以及无人机的整机调试四个实训大类，使学生掌握与无人机组装与调试相关的基础知识和基本技能，具备分析和解决实际应用中遇到问题的能力，为学习后续相关专业课程打下基础。本书注重对学生进行职业意识和专业精神的培养，力求提高学生的专业能力与综合素质，增强学生适应职业变化的能力，为学生职业生涯的发展奠定基础。

本书建议教学总学时为96学时，各部分内容学时分配建议参考意见如下。

序号	教学项目	建议学时
1	项目一 认识无人机	6
2	项目二 认识多旋翼无人机的工作原理	6
3	项目三 安装与调试无人机飞控系统	18
4	项目四 安装与调试无人机动力系统	18
5	项目五 安装与调试无人机通信链路系统	12
6	项目六 安装、调试和使用无人机地面站系统	18
7	项目七 组装和调试多旋翼无人机整机	18
合　计		96

本书配有辅教辅学资源，请登录高等教育出版社Abook网站http://abook.hep.com.cn/sve获取相关资源。详细使用方法见本书"郑重声明"页。

本书由东莞理工学校陈永杰、东莞市电子科技学校李刘求担任主编；广州市信息技术职业学校何小春、东莞市电子科技学校朱有沛、叶柳君担任副主编；东莞市电子科技学校杨鑫、萧雪川，广东省国安通航智能航空技术发展有限公司郑敏辉为本书的编写提供了大量生产一线案例和技术资料。在本书的编写过程中，得到了东莞市电子科技学校、广州市信息工程职业学校大力支持，在此表示真挚感谢！

由于编者水平有限，书中难免存在不足和疏漏，恳请使用本书的师生和读者批评指正，以期不断提高。读者意见反馈邮箱：zz_dzyj@pub.hep.cn。

编者

2021 年 10 月

目　录

项目一 认识无人机

1

随着技术的进步，无人机应用越来越广泛，典型的无人机系统是指由无人机、控制站、数据管理和处理中心以及数据链路等组成的无人驾驶航空器系统，其中，无人机是系统核心。无人机有多种类型，其中最常见的有固定翼无人机、无人直升机和多旋翼无人机。多旋翼无人机是无人机中应用最广泛的一种。图1-0-1所示是典型无人机应用系统组成。

图 1-0-1 典型无人机系统组成

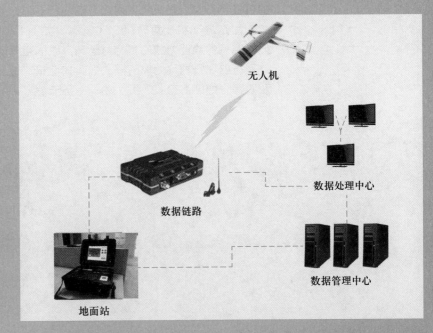

项目情境

多旋翼无人机（如图1-0-2所示）具有操作容易、对场地要求简单等优点，因此近年来发展较为迅速，学习多旋翼无人机是学习无人机技术的基础。

本项目从多旋翼无人机的特点、多旋翼无人机的发展、多旋翼无人机的应用入手学习多旋翼无人机，为后续学习多旋翼无人机的原理、组装以及调试打下基础。

图 1-0-2 多旋翼无人机

项目目标

1. 了解无人机的概念以及特点。
2. 了解无人机的发展历史。
3. 掌握多旋翼无人机的应用。

项目知识

　　飞行器是指由人类制造，能飞离地面并在空间由人来控制进行飞行的机械飞行物。在大气层内飞行的飞行器称为航空器，如热气球、滑翔伞、固定翼飞机、直升机、飞艇等，如图1-0-3～图1-0-7所示，它们靠空气的静浮力或空气相对运动产生的空气动力升空飞行；在大气层外飞行的飞行器称为航天器，如人造卫星、运载火箭、空间站、空间探测器等，如图1-0-8～图1-0-11所示。

图 1-0-3 热气球

图 1-0-4 滑翔伞

图 1-0-5 固定翼飞机

图 1-0-6 直升机

图 1-0-7 飞艇

图 1-0-8 人造卫星

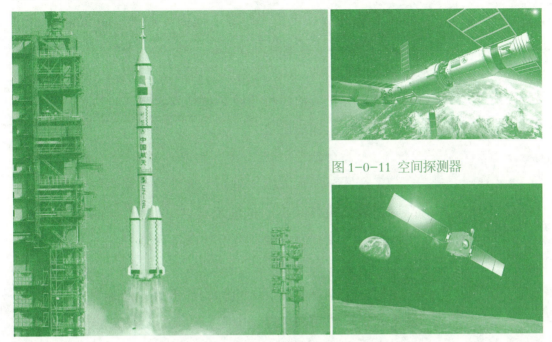

图 1-0-9 运载火箭　　　　　　图 1-0-10 空间站

图 1-0-11 空间探测器

任务一　了解无人机

任务描述

本任务主要了解无人机的基本概念和特点，并完成任务评价。

任务目标

1. 了解无人机的概念。

2. 了解无人机的特点。

知识准备

1. 无人机的定义

无人驾驶航空器（Unmanned Aerial Vehicle，UAV）是利用无线电遥控设备以及自备程序控制装置操纵的飞行器平台，简称无人机。

2. 无人机飞行系统的组成

无人机能够在天空飞行，除了本身符合飞行条件外，还需要其他设备保障飞行以及实现相关任务，由此一个典型的无人机飞行系统由飞行器、地面控制站（Ground Control Station, GCS）或任务规划控制站（Mission Planning and Control Station，MPCS）、有效载荷、通信链路（也称数据链）组成。另外，部分无人机飞行系统还包括发射和回收装置、飞行器运载器及地面保障设备。

（1）飞行器

飞行器（即无人机）是无人机飞行系统中在空中飞行的部分，包括机体结构、推进装置、飞行控制器和电力系统。飞行数据终端和有效载荷都安装在飞行器上。

（2）地面控制站

地面控制站（GCS）也称为任务规划控制站（MPCS），是无人机系统的操作控制中心，从飞行器传来的信息或遥测数据在这里处理和显示。这些数据通常是通过地面终端，也就是数据链的地面部分来中继，然后传入数据控制中心。

在一些小型无人机飞行系统中，地面控制站安装在一个能够置于背包内随身携带的箱子里，并能在地面上设置，其组成部分主要包括遥控和显示设备，并可以通过嵌入式微处理器内置于专用的笔记本电脑中。

（3）发射和回收装置

发射和回收包括多种形式，例如，使用设施完备的场地常规起降，使用旋翼或风扇系统垂直起降，使用火工品助推装置或气液组合机构弹射装置发射飞行器，一些小型无人机通常采用手掷发射方法。不同的发射和回收形式需要使用不同的装置。

另外，在狭小空间中，可以采用回收网和拦阻装置回收固定翼飞行器，也可以采用降落伞和翼伞着陆实现定点回收。旋翼型或升力风扇驱动型飞行器通常不需要复杂精巧的发射和回收装置。

（4）有效载荷

携带有效载荷是无人机应用价值所在，有效载荷是一个独立子系统，通常也是最昂贵的子系统，容易在不同飞行器间互换使用。可见光型和夜视型视频摄像机是常见的载荷。

（5）通信链路

通信链路是无人机系统的关键子系统，也称数据链。通信链路为无人机系统提供了双向通信能力包括上行数据链、下行数据链。上行数据链通信速率较高，提供飞行器飞行路径控制和有效载荷指令。下行数据链提供一条通信速率较低的通道发送应答指令和飞行器的状态信息，同时还提供一条通信速率较高的通道发送传感器数据，如视频载荷数据和雷达数据。调用通信链路，可以通过确定飞行器与地面站天线之间的方位角和距离来测量飞行器的位置。这种信息可被用于辅助导航和飞行器精确定位。

地面数据终端通常是微波电子系统及其天线，为MPCS与飞行器之间提供视距通信，有时也通过卫星或其他设备进行中继通信。地面数据终端发送导航和载荷指令并接收飞行状态信息（高度、速度、航向等）以及任务载荷传感器数据（视频图像、目标距离、方位线等）。空中数据终端是数据链的机载部分，包括发送视频和飞行器数据的发射器和天线以及接收地面指令的接收器。

（6）地面保障设备

由于无人机系统是一个精密和复杂的电子机械系统，因此地面保障设备越来越重要。地面保障设备包括测试和维护设备，备件和损耗件，飞行器所需的燃料及其加注设备，非便携式或无起落架和滑行能力飞行器需要的地面搬运设备，以及为所有其他保障设备供电的发电机等。

3. 无人机的分类

无人机的种类繁多，按动力源可分为油动无人机、电动无人机、氢燃料无人机等，如图1-1-1~图1-1-3所示。

图 1-1-1 油动无人机

图 1-1-2 电动无人机

图 1-1-3 氢燃料无人机

按飞行平台可分为无人飞艇、固定翼无人机、伞翼无人机、扑翼无人机、旋翼无人机等，如图1-1-4~图1-1-9所示。

图 1-1-4 无人飞艇

图 1-1-5 固定翼无人机

图 1-1-6 伞翼无人机　　　图 1-1-7 扑翼无人机

 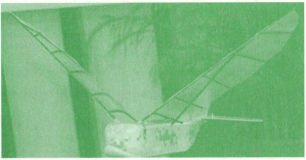

图 1-1-8 旋翼无人机（单旋翼无人直升机）　图 1-1-9 旋翼无人机（多旋翼无人机）

4. 多旋翼无人机的分类

多旋翼无人机是一种具有三个及以上旋翼轴的无人机，通过每个轴上的电动机转动，带动旋翼，从而产生动力。通过改变不同旋翼之间的相对转速，可以改变动力的大小和方向，从而控制多旋翼无人机的运行轨迹。

多旋翼无人机主要有四旋翼无人机、六旋翼无人机和八旋翼无人机等。

（1）四旋翼无人机

四旋翼无人机使用四组电动机和螺旋桨（旋翼）产生驱动力，四个螺旋桨平均分布在以机架中心为圆心的大圆上，相邻两个机臂的夹角为90°，如图1-1-10所示。

（2）六旋翼无人机

六旋翼无人机使用六组电动机和螺旋桨产生驱动力，六个螺旋桨平均分布在以机架中心为圆心的大圆上，相邻两个机臂的夹角为60°，六个旋翼两两相对分为三组，处于相同高度平面，各项参数完全相同，如图1-1-11所示。

（3）八旋翼无人机

八旋翼无人机使用八组电动机和螺旋桨产生驱动力，八个螺旋桨平均分布在以机架中心为圆心的大圆上，相邻两个机臂的夹角为45°，八个旋翼两两相对分为四组，处于相同高度平面，各项参数完全相同，如图1-1-12所示。

旋翼越多，无人机稳定性越好，载重越大，但尺寸变大，耗电也越多。

由于多旋翼无人机操控简单、价格便宜，其数量占现有无人机总量的80%以上。

图 1-1-10 四旋翼无人机

图 1-1-11 六旋翼无人机

图 1-1-12 八旋翼无人机

5. 多旋翼无人机的特点

（1）多旋翼无人机的优点

① 安全性高

多旋翼无人机由地面人员通过无线遥控设备或程序进行操控，飞机上没有飞行人员，不需要人员生存保障系统和应急救生系统等，所以能最大可能地保障人的生命安全。

② 操控简单

多旋翼无人机不需要跑道便可以垂直起降，起飞后可以在空中悬停，通过遥控器摇杆或程序进行控制，操控原理简单。

③ 结构简单，维护成本低

多旋翼无人机结构简单，制造成本与寿命周期费用低，也没有昂贵的培训费用，机体使用寿命长，检修和维护简单，维护成本低。

④ 可靠性高

多旋翼无人机活动部件较少，可靠性基本取决于电机的可靠性，因此可靠性较高，另外多旋翼无人机可以悬停，飞行范围可控。

（2）多旋翼无人机的缺点

① 续航能力差

目前多旋翼无人机最大的缺点是续航能力不足，一般民用无人机续航时间为20~30 min。

② 承载质量小

多旋翼无人机承载质量较小，除特殊用途的多旋翼无人机外，普通多旋翼无人机承载质量一般为几千克。

③ 受天气影响较大

多旋翼无人机抗风能力差，在大风和乱流中飞行时，易偏离飞行线路，难以保持平稳的飞行姿态。

④ 应变能力不强

多旋翼无人机采用无线遥控方式进行控制，容易受到干扰，应变能力不强，不能应对意外事件。当有强信号干扰时，易造成接收机与遥控器或地面工作站失去联系。

任务实施

在表1-1-1左侧图片栏中，填写DJI F450型无人机的各组成部分（序号）。

表1-1-1 DJI F450型无人机的各组成部分

图片	组成部分
	1. 机架 2. 电机 3. 螺旋桨 4. 电调 5. 飞控

考核评价

根据任务完成情况，填写表1-1-2。

表1-1-2 考核评价表

考核项目	内容	分值	自我评价	组内互评	教师评价
无人机定义	无人机定义	5			
无人机飞行系统的组成	飞行器	5			
	地面控制站	5			
	发射和回收装置	5			
	有效载荷	5			
	数据链	10			
	地面保障设备	10			

考核项目	内容	分值	自我评价	组内互评	教师评价
无人机的分类	按动力源	5			
	按飞行平台	5			
多旋翼无人机的分类	四旋翼无人机	5			
	六旋翼无人机	5			
	八旋翼无人机	5			
多旋翼无人机的特点	优点	5			
	缺点	5			
安全与职业素养	遵守实训室管理规定	10			
	遵循实训室 6S 管理规范	10			
总评					

任务二 了解无人机的发展历史

任务描述

本任务通过查阅相关资料和知识链接，了解无人机的发展历史，重点认识多旋翼无人机技术的发展历程和发展前景。本任务采取相对开放的手段进行任务实施，考核评价以口述为主。

任务目标

1. 了解无人机的发展历史。

2. 了解多旋翼无人机发展趋势。

知识准备

1. 无人机的发展

无人机最早出现于20世纪20年代，为无线电操控的小型飞机，主要用于军事领域。

1933年，英国研制出了第一架可复用无人驾驶飞行器——"蜂王"，它是一架双翼飞机，从海船上对其进行无线电遥控，主要用作靶机。

在相当长的一段时间里，每一种研制成功的无人机，其构造思想很多是以德国研制出的V-1巡航导弹为基础，如图1-2-1所示。

20世纪90年代，美国首先将无人机作为空间武器使用，其中"火蜂"系列无人机是产量最大的无人机，如图1-2-2所示。

以色列研制的"侦察兵"无人机对无人驾驶技术和装备的发展做出了突出贡献，在无人驾驶系统的研制和作战使用领域占有重要地位，如图1-2-3所示。

目前，军事无人机已经可以携带制导武器，并具有目标指示和火力校射装置，可以实现"察打一体"，代表产品有"捕食者"无人机、"全球鹰"无人机和"火力侦察兵"无人直升机等，如图1-2-4~图1-2-6所示。

图1-2-1 V-1巡航导弹　　图1-2-2 "火蜂"无人机

图1-2-3 "侦察兵"无人机

图1-2-4"捕食者"无人机　　　　图1-2-5"全球鹰"无人机

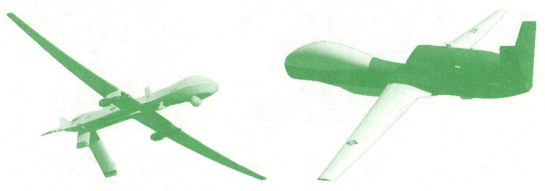

图1-2-6"火力侦察兵"
无人直升机

2. 多旋翼无人机的发展

多旋翼无人机作为一种无线电遥控飞行器，发展历史较短，但近些年得到快速发展。

（1）理论开创阶段

在20世纪初，几家主要飞机生产商开发出了在多个螺旋桨中搭乘飞行员的机型，这种设计开创了多旋翼飞行器理论，此时的多旋翼飞行器考虑的还是载人飞行，因此还不能称为无人机。

1907年，法国制造出载人多旋翼飞行器Gyroplane，虽然该飞行器的稳定性和操控性都不佳，只能升空0.6 m，但它仍是世界早期多旋翼飞行器，如图1-2-7所示。

图 1-2-7 多旋翼飞行器
Gyroplane

　　同年，法国还设计出自由飞行多旋翼飞行器并完成了飞行，该飞行器有两副旋翼，每副旋翼的下方都有类似划流舵的倾斜翼面，从而旋翼可以通过旋转获得升力，实现自由飞行，如图1-2-8所示。

　　1921年，早期四旋翼飞行器被设计出来，该飞行器用铁管构成十字结构，并在每根梁的端口各安装了一个旋翼，利用旋翼倾角的不同来实现横向和纵向的移动，如图1-2-9所示。

　　1956年，美国设计出Converawings A型四旋翼飞行器，该飞行器装载了两台发动机，通过传送带使各个旋翼旋转，并且利用每个旋翼转速的差异产生不同的升力，从而实现姿态和高度的控制。

图 1-2-8 自由飞行多旋翼飞行器

图 1-2-9 早期四旋翼飞行器

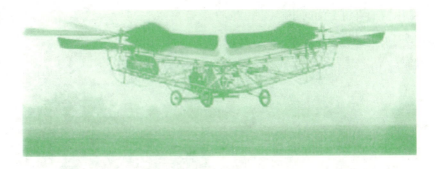

由于多旋翼飞行器技术的限制，在速度、载重、飞行范围、续航等方面都比不过当时的单旋翼和固定翼飞行器，之后很多年人们对多旋翼飞行器失去了进一步研究的兴趣，从而许多研究被迫停止。

（2）起步发展阶段

20世纪90年代，随着自动控制技术和微电子技术的成熟，四旋翼无人机以遥控玩具的方式进入消费市场，如图1-2-10、图1-2-11所示。

随着科技进步，飞控技术得到快速发展，此时多旋翼无人机以飞控技术为核心，外挂小型运动相机和模拟图传设备，通过无线电遥控器控制飞机，可以进行短距离飞行和视频录制。

图 1-2-10 md4-20 四旋翼无人机

图 1-2-11 DJI F450 四旋翼航拍无人机

（3）加速发展阶段

在以飞控系统为核心技术的基础上，无人机生产厂家开始依靠无刷电机驱动云台、高清广角相机和无线数字图传这三大核心技术，开发出远距离、高画质的航拍无人机，如图1-2-12所示。

（4）高速发展阶段

2015年以来，在高画质航拍无人机核心技术的基础上，发展出全高清图传、4K相机和视觉悬停辅助系统新三大核心技术，并增加了环境感知与避障、GPS跟随、视觉跟随等辅助功能，已经发展出智能视觉、全高清的航拍无人机，

图 1-2-12 精灵 2 无人机

消费级多旋翼无人机进入高速发展阶段,如图1-2-13~图1-2-16所示。

3. 多旋翼无人机的发展趋势

伴随无人机技术的进步,其用途也越来越多样化,多旋翼无人机使用者急剧增加,如图1-2-17、图1-2-18所示。未来多旋翼无人机的发展趋势是向高空、高速、长航程、高载荷、智能化、能源多样化、多机编队协同控制等方向发展。

图 1-2-13 精灵 3 无人机

图 1-2-14 御无人机

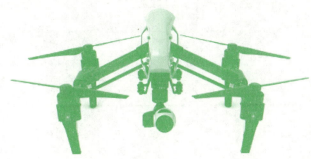

图 1-2-15 悟无人机

图 1-2-16 ANAFI 无人机

图 1-2-17 运输多旋翼无人机

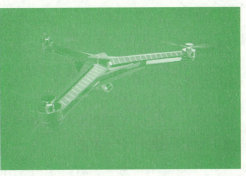

图 1-2-18 太阳能多旋翼无人机

任务实施

步骤1　列举无人机的发展过程，填写表1-2-1。

表1-2-1 无人机的发展过程

阶段	时间	代表产品

步骤2　列举多旋翼无人机的发展过程，填写表1-2-2。

表1-2-2 多旋翼无人机的发展过程

阶段	时间	代表产品

考核评价

根据任务完成情况，填写表1-2-3。

表1-2-3 考核评价表

考核项目	内容	分值	自我评价	组内互评	教师评价
无人机的发展	无人机的发展阶段	10			
	代表产品	10			
多旋翼无人机的发展	多旋翼无人机的发展阶段	10			
	代表产品	10			
	技术特点	20			

考核项目	内容	分值	自我评价	组内互评	教师评价
多旋翼无人机的发展趋势	多旋翼无人机的发展趋势	20			
安全与职业素养	遵守实训室管理规定	10			
	遵循实训室 6S 管理规范	10			
总评					

任务三 了解多旋翼无人机的应用

任务描述

本任务通过查阅相关资料和知识链接，了解多旋翼无人机的作用和应用场合。本任务采取自主查阅资料完成任务实施，考核评价以口述为主。

任务目标

了解多旋翼无人机的应用。

知识准备

本书涉及的无人机如无特别说明均指民用无人机，民用无人机分为工业级无人机和消费级无人机。下面是民用无人机的各种应用领域。

1. 交通监管

如今路上的车流量越来越大，交通也更加难以监管，遇到突发情况很难及时处理，如高速公路上发生车祸，很可能造成车辆拥堵，执法人员很难快速到达事故现场疏导交通。使用多旋翼无人机，就可以实时监控道路，使执法人员很快了解现场情况，及时采取应对措施，如图 1-3-1 所示。

2. 电力巡检

采用传统的人工电力巡线方式，条件艰苦，效率低下，一线的电力巡查工作人员需要跋山涉水，如果环境复杂，就很有可能遭遇危险。多旋翼无人机装配有高清数码摄像机和照相机以及GPS定位系统，可沿电网进行定位自主巡航，实时拍摄和传送影像，监控人员可在计算机上同步收看与操控，实现了电子化、信息化、智能化，提高了电力线路巡检的工作效率、应急抢险水平和供电可靠性，如图1-3-2所示。

3. 全景拍摄

采用多旋翼无人机的全景拍摄功能可以全方位拍摄景物，给人们一种身临其境的感觉，如图1-3-3所示，特别

图 1-3-1 交通监管

图 1-3-2 电力巡检

图 1-3-3 全景拍摄

是制作楼盘等景物的VR效果，通过无人机进行前期全景拍摄可以获取必需的数据。

4. 编队表演

利用多旋翼无人机编队进行夜空表演，既新颖又可避免燃放烟花造成的环境污染，备受媒体的关注，更容易吸引观众，轻松获取良好的传播效果，如图1-3-4所示。

5. 农林植保

用人工完成农田和林地的播种、洒水、喷药，需要消耗很多的时间和人力成本，多旋翼无人机可以有效地解决这些问题，如图1-3-5所示。无人机植保系统主要由多旋翼无人机、导航飞控、喷洒机构三部分组成，人们只需要输入航点，通过地面站进行远程控制，多旋翼无人机就会自动完成航点任务实现植保作业，大大减少了时间、人力和物资的消耗。

6. 快递运输

多旋翼无人机可以实现货物的配送，配送范围正在不断扩展，并且由于不受交通堵塞等因素的阻碍，送货时间可以极大缩短，如图1-3-6所示。多旋翼无人机既可以解决繁华城市快递运输数量大、时间紧、环境复杂的问题，也可以解决偏远地区送货难的问题，使快递运输更加简便。

图 1-3-4 编队表演   图 1-3-5 农林植保

图 1-3-6 快递运输

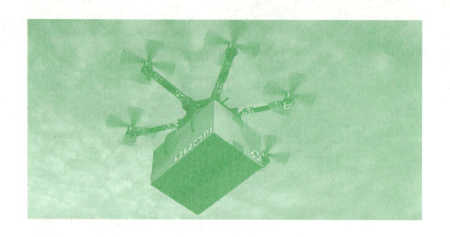

7. 航空拍摄

多旋翼无人机可以搭载高清摄像机，在遥控操纵下进行空中拍摄，如图 1-3-7 所示。目前，多旋翼无人机已经可以实现高清实时传输，其距离可长达 5 km，而标清传输距离则长达 10 km。采用多旋翼无人机航拍，拍摄角度灵活机动，可实现追车等高难度拍摄，极大地降低了拍摄成本。

8. 灾后救援

多旋翼无人机动作迅速，在 7 min 左右的时间里可以完成 100 000 m^2 区域的搜索工作，可以为避开危险地带、合理分配救援力量、确定救灾重点区域、选择安全救援路线等提供很有价值的参考，这些对于争分夺秒的灾后救援工作意义非凡，如图 1-3-8 所示。

图 1-3-7 航空拍摄

图 1-3-8 灾后救援

除了以上用途外，多旋翼无人机还可以用于国土测量、城市规划、矿产资源开发、气象观察、环境监测、边防监控以及警情消防监控等领域，用途越来越广泛。

任务实施

步骤1　概括无人机应用形式，填写表1-3-1。

表1-3-1 无人机应用形式

序号	无人机系统组合	应用
1	无人机+云台+高清摄像头	无人机航拍
2		
3		
4		
5		
6		

步骤2　描述无人机应用场景，填写表1-3-2。

表1-3-2 无人机应用

序号	应用场景	应用描述
1		无人机航拍
2		

序号	应用场景	应用描述
3		
4		

考核评价

根据任务完成情况，填写表1-3-3。

表1-3-3 考核评价表

考核项目	内容	分值	自我评价	组内互评	教师评价
无人机的应用	无人机的应用	60			
	根据无人机的应用场景填写应用描述	20			
安全与职业素养	遵守实训室管理规定	10			
	遵循实训室6S管理规范	10			
总评					

项目小结

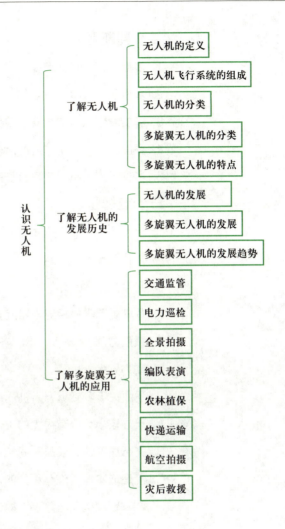

认识无人机
- 了解无人机
  - 无人机的定义
  - 无人机飞行系统的组成
  - 无人机的分类
  - 多旋翼无人机的分类
  - 多旋翼无人机的特点
- 了解无人机的发展历史
  - 无人机的发展
  - 多旋翼无人机的发展
  - 多旋翼无人机的发展趋势
- 了解多旋翼无人机的应用
  - 交通监管
  - 电力巡检
  - 全景拍摄
  - 编队表演
  - 农林植保
  - 快递运输
  - 航空拍摄
  - 灾后救援

思考与练习

一、填空题

1. 按动力源无人机可分为 _____ 、_____ 、_____ 。

2. 无人机飞行系统由 _____ 、_____ 、_____ 、_____ 、_____ 、_____ 组成。

3. 多旋翼无人机的主要应用有 _____ 、_____ 、_____ 、_____ 、_____ 、_____ 、_____ 、_____ 。

4. 多旋翼无人机的特点包括 _____ 、_____ 、_____ 、

_____ 。

二、判断题

1. 多旋翼无人机具有操作容易、结构简单的特点。 （ ）

2. 多旋翼无人机可以悬停，飞行范围受控。 （ ）

3. 多旋翼无人机的承载质量大。 （ ）

4. 多旋翼无人机中的旋翼越多越好。 （ ）

5. 多旋翼无人机比较适合长航时的应用。 （ ）

三、选择题

1. 下列（   ）不是多旋翼无人机的性能优势。

A. 操作简单　　　　　　　　B. 机械结构简单

C. 承载质量大　　　　　　　D. 垂直起降

2. 八旋翼无人机相对于四旋翼无人机，其主要优势在于（   ）。

A. 续航时间　　　　　　　　B. 操控手感

C. 动力冗余　　　　　　　　D. 容易辨别方向

3. 下面关于多旋翼无人机优点描述错误的是（   ）。

A. 尺寸较小可以有很大的工作强度

B. 飞行速度快，续航时间长

C. 制造成本低，没有昂贵的训练费用和维护费用

D. 能够定点起飞与降落，对起降场地要求不高

4. 以下不属于多旋翼无人机应用的是（   ）。

A. 电力巡检　　　　　　　　B. 商业航拍

C. 植保　　　　　　　　　　D. 载人飞行

四、思考题

1. 多旋翼无人机的主要特点是什么？

2. 多旋翼无人机的主要应用有哪些？

3. 简述多旋翼无人机的发展历程。

项目二 认识多旋翼无人机的工作原理

2

多旋翼无人机的飞行是依靠电机带动螺旋桨产生升力，并且通过改变电机的转速来实现多旋翼无人机姿态控制的。图2-0-1所示为多旋翼无人机在前行过程中的受力分析。

图 2-0-1 多旋翼无人机前行过程的受力分析

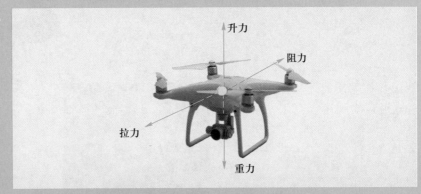

项目情境

认识多旋翼无人机的飞行原理是学习其他相关技术的基础。本项目主要学习多旋翼无人机的气动结构布局、结构形式、飞行控制原理，为后续多旋翼无人机的组装调试打下基础。

项目目标

1. 了解多旋翼无人机的气动结构布局。
2. 了解多旋翼无人机的结构形式。
3. 掌握多旋翼无人机的飞行控制原理。

项目知识

多旋翼无人机主要由动力系统、飞控系统、机身系统、机载设备、图传设备、遥控器组成，其中，动力系统主要由电机、电子调速器、螺旋桨、电池组成，机身系统主要由机架、起落架组成，机载设备可以是云台、相机、农药喷洒设备等，如图2-0-2所示。

多旋翼无人机的遥控器如图2-0-3所示。

多旋翼无人机在应用时通常需要考虑安全、方便等因素，根据不同的用途和需求，其平台结构形式也出现多样化。

图 2-0-2 多旋翼无人机
系统组成

图 2-0-3 多旋翼无人机
的遥控器

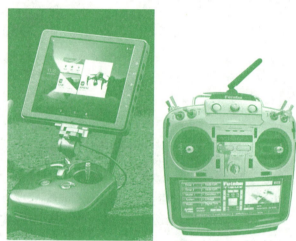

1. 无边框常规固定式

无边框常规固定式是最常见的多旋翼无人机结构形式，如图2-0-4所示。无边框常规固定式多旋翼无人机的优点是结构简单、强度好并且重量较轻；缺点是螺旋桨没有保护因此不够安全，如果搭载航拍云台则起落架可能对视线有所遮挡。

2. 带边框常规固定式

带边框常规固定式多旋翼无人机如图2-0-5所示，它最大程度解决了人们关心的安全问题，但同时增加了重量并减少了续航时间。很多带边框常规固定式多旋翼无人机为了减轻重量，大量采用发泡材料或空心材料。

3. 穿越式

穿越式多旋翼无人机（简称穿越机）具有动力强、速度快、尺寸小等特点，一般设计成有明显头和尾的形状，多采用H型气动结构布局，这样前飞时阻力小，并保证航向安全性，如图2-0-6所示。为了进一步减少阻力，多数穿越机不安装专门的起落架。穿越机一般会安装前视

图 2-0-4 无边框常规固定式多旋翼无人机

图 2-0-5 带边框常规固定式多旋翼无人机

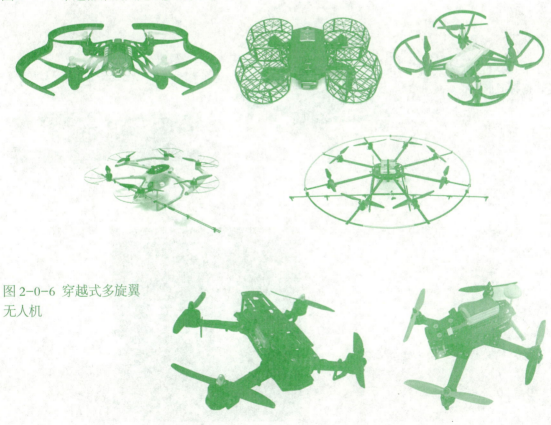

图 2-0-6 穿越式多旋翼
无人机

云台或摄像头，追求前半球视野的最大化，搭配视频眼镜可以感受高速第一视角的飞行，深受广大无人机爱好者的喜爱。

4. 水平变形式

多旋翼无人机的螺旋桨一般安装在各机臂的尾端，所以一般多旋翼无人机水平尺寸比较大，为了解决这个问题，方便多旋翼无人机的运输与储存，设计了多种变形与折叠方案。在水平方向上进行结构变形是常用方法，如图2-0-7~图2-0-9所示。

5. 垂直变形式

垂直变形结构主要用于大型六轴、八轴工业用多旋翼无人机，垂直变形结构不仅储运空间小，而且储运过程中也不必拆卸大型的云台或其他机载设备，如图2-0-10、图2-0-11所示。

图 2-0-7 御无人机及其折叠后形态

图 2-0-8 ANAFI 无人机及其折叠后形态

图 2-0-9 植保无人机折叠后形态

图 2-0-10 垂直变形式六旋翼无人机及其变形后形态

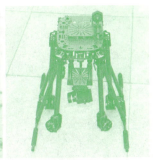

图 2-0-11 垂直变形式八旋翼无人机及其变形后形态

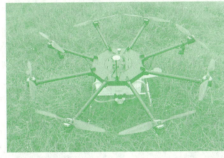

6. 自动起落架收放式

自动起落架收放式结构只是起落架结构的一种形式，可以安装在各种多旋翼机上，主要用来在飞行时将起落架自动（通过舵机）上折，最大程度地拓展云台拍摄角度，另外，这种结构形式在飞行中也能减小阻力，增强抗风性。图2-0-12所示为S900无人机起落架形态。

图 2-0-12 S900 无人机起落架形态

（a）着陆状态　　　　　　　　（b）起飞/降落状态　　　　　　　　（c）飞行状态

7. 自动整体变形式

自动整体变形式的特点是在飞行中完成整体变形，没有专用的大型起落架，机臂变形到最下方成为起落架，机臂变形到最上方时可以最大程度拓展云台相机的视野。图2-0-13所示为悟无人机着陆与飞行状态。

图 2-0-13 悟无人机着陆与飞行状态

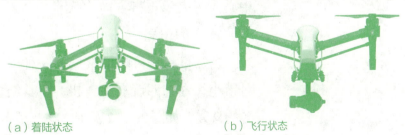

（a）着陆状态　　　　　　　　（b）飞行状态

任务一 了解多旋翼无人机的气动结构布局

任务描述

了解多旋翼无人机的气动结构布局，可以更好地理解多旋翼无人机的飞行原理。本任务主要了解多旋翼无人机的气动结构布局，并完成任务评价。

任务目标

1. 了解多旋翼无人机的气动结构布局。

2. 绘制不同多旋翼无人机气动结构布局图。

知识准备

多旋翼无人机的旋翼是气动部件，所以多旋翼无人机可以以旋翼的排列形式进行气动结构布局，常见的多旋翼无人机有四旋翼无人机、六旋翼无人机、八旋翼无人机、十二旋翼无人机等，多旋翼无人机气动结构布局形式主要有X型、十型、Y型、H型等。

1. 十型布局

十型布局是最早出现的一种气动结构布局形式，它对前后左右飞行的控制比较直观，只需要改变少量电机转速就可以实现，飞控算法开发比较容易。不过从理论上来讲，如果各机臂上电机的特性一致并且旋翼也绝对平衡，十型布局性能不如X型布局，同时由于无人机正前方有螺旋桨，在航拍时有时也会对画面造成影响，随着飞控技术的成熟，十型布局的多旋翼无人机已经逐步趋于淘汰。

图2-1-1所示为十型多旋翼无人机气动结构布局图，图中M1~M8代表电机，旋转箭头表示电机旋转方向，机架中心箭头表示飞行方向。

2. X型布局

X型布局是目前最常见的一种气动结构布局形式，尤其对于小尺寸的四旋翼无人机，因其结构简单而受到很多爱好者的喜爱，如图2-1-2所示。在X型布局下，无人机的纵向和

图 2-1-1 十型多旋翼无人机气动结构布局图

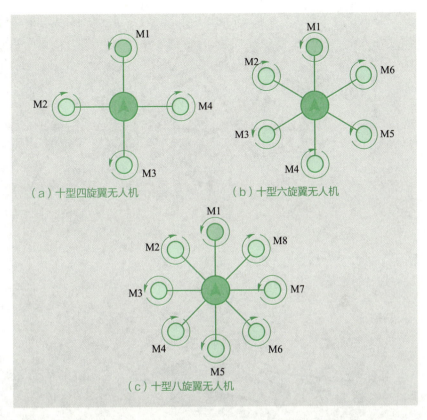

（a）十型四旋翼无人机　　　　（b）十型六旋翼无人机

（c）十型八旋翼无人机

图 2-1-2 X 型四旋翼无人机及气动结构布局图

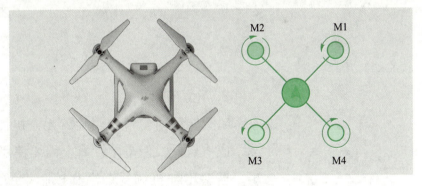

横向运动由4个电机同时运转完成，力矩明显变大，可控裕度增加，因此X型四旋翼无人机已经成为消费级无人机的主流。

另外，X型六旋翼、八旋翼的动力具备冗余能力，即在一个电机损坏的情况下可以继续飞行，这是优于其他布局的特点。而且因为电机增多，带荷载能力增强，故在工业领域中常使用X型六旋翼无人机或八旋翼无人机。图2-1-3和图2-1-4所示为X型六旋翼、八旋翼无人机及气动结构布局图。

图 2-1-3 X 型六旋翼无人机及气动结构布局图

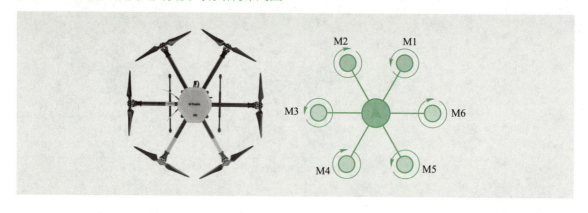

图 2-1-4 X 型八旋翼无人机及气动结构布局图

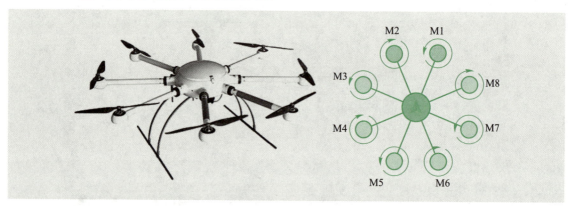

3. Y 型布局

Y 型气动结构布局多旋翼无人机使用 3 个电机作为动力源，成本较低，但是尾旋翼上需要使用一个舵机用于平衡扭矩，这会增加机械复杂性和控制难度。为了减少舵机的使用，Y 型多旋翼无人机有时也设计成上下共轴的双桨形结构。图 2-1-5 所示为 Y 型三旋翼无人机及气动结构布局图。

4. 上下双层布局

上下双层布局多用于体积受到限制，但是对载重量又有较大需求的场合，使用三旋翼或四旋翼的尺寸可以做到六旋翼或八旋翼的载重量。图 2-1-6 和图 2-1-7 所示为 Y 型上下共轴双桨六旋翼、八旋翼无人机及气动结构布局图。

图 2-1-5 Y 型三旋翼无人机及气动结构布局图

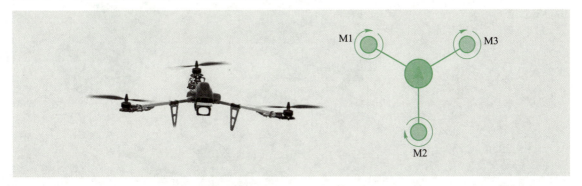

图 2-1-6 Y 型上下共轴双桨六旋翼无人机及气动结构布局图

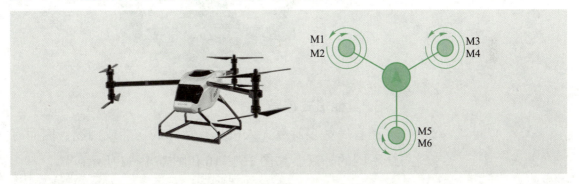

图 2-1-7 X 型上下共轴双桨八旋翼无人机及气动结构布局图

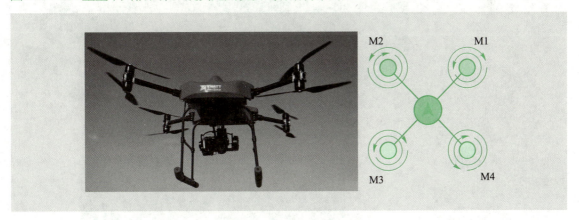

5. H 型布局

H 型布局主要由 X 型布局演变而来，除了具有 X 型布局结构简单、控制性好的特点，还比较容易设计成折叠结构，因此在消费级无人机中得到青睐，如图 2-1-8 和图 2-1-9 所示。

图 2-1-8 御无人机及其
折叠后形态

图 2-1-9 Runner250pro
穿越无人机

6. 其他形式布局

还有一些多旋翼无人机具有特殊的功能或用途，因而有
与众不同的外观，如图2-1-10和图2-1-11所示。

图 2-1-10 Makeblock 模
块化无人机

图 2-1-11 垂直起降固定
翼无人机

任务实施

步骤1　观察精灵无人机和六轴无人机，初步认识多旋翼无人机结构。

步骤2　了解多旋翼无人机的气动结构布局，并完成表2-1-1。

表2-1-1　了解多旋翼无人机的气动结构布局

序号	图片	结构布局（勾选）
1		左图是：□X　□十　□Y　□H型 _____旋翼无人机
2		左图是：□X　□十　□Y　□H型 _____旋翼无人机
3		左图是：□X　□十　□Y　□H型 _____旋翼无人机
4		左图是：□X　□十　□Y　□H型 _____旋翼无人机

序号	图片	结构布局（勾选）
5		左图是：□X □十 □Y □H型 _____旋翼无人机
6		左图是：□X □十 □Y □H型 _____旋翼无人机

步骤3　绘制X型四旋翼无人机的气动结构布局图。

步骤4　绘制十型六旋翼无人机的气动结构布局图。

步骤5　绘制X型八旋翼无人机的气动结构布局图。

步骤6　绘制Y型共轴双桨六旋翼无人机的气动结构布局图。

考核评价

根据任务完成情况，填写表2-1-2。

表2-1-2 考核评价表

考核项目	内容	分值	自我评价	组内互评	教师评价
了解多旋翼无人机的气动结构布局	十型布局	5			
	X型布局	5			
	Y型布局	5			
	上下双层布局	5			
	H型布局	5			
	其他形式布局	5			
绘制不同多旋翼无人机气动结构布局图	X型四旋翼无人机	10			
	十型六旋翼无人机	10			
	X型八旋翼无人机	15			
	Y型共轴双桨六旋翼无人机	15			
安全与职业素养	遵守实训室管理规定	10			
	遵循实训室6S管理规范	10			
总评					

任务二 认识多旋翼无人机的飞行控制原理

任务描述

本任务通过查看相关资料和知识链接，认识多旋翼无人机的飞行原理。

任务目标

1. 了解多旋翼无人机的基本飞行原理。

2. 了解X型多旋翼无人机的飞行控制原理。

知识准备

多旋翼无人机通过调节多个电机转速来改变螺旋桨转速，实现升力的变化，进而达到飞行姿态控制的目的。

1. 多旋翼无人机飞行的基本原理

以四旋翼无人机为例，其扭矩平衡示意图如图2-2-1所示，电机1（M1）和电机3（M3）逆时针旋转的同时，电机2（M2）和电机4（M4）顺时针旋转，因此无人机平衡飞行时，陀螺效应和空气动力扭矩效应全部被抵消。与传统的直升机相比，四旋翼无人机的优势表现为：各个旋翼对机身所产生的反扭矩与旋翼的旋转方向相反，因此当电机1（M1）和电机3（M3）逆时针旋转时，电机2（M2）和电机4（M4）顺时针旋转，可以平衡旋翼对机身的反扭矩。

一般情况下，多旋翼无人机可以通过调节不同电机的转速来实现4个方向上的运动，分别为垂直、俯仰、滚转和偏航，十型四旋翼无人机飞行控制示意图如图2-2-2所示。

图 2-2-1 四旋翼无人机扭矩平衡示意图

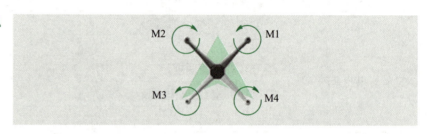

图 2-2-2 十型四旋翼无人机飞行控制示意图

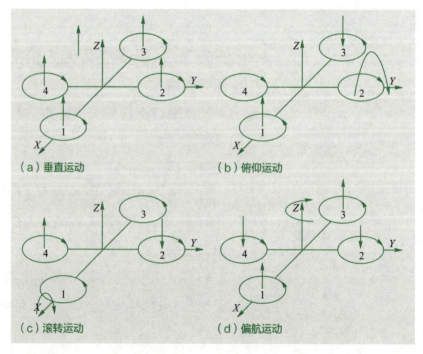

（a）垂直运动　　　　（b）俯仰运动

（c）滚转运动　　　　（d）偏航运动

2. X型多旋翼无人机的飞行控制原理

因X型多旋翼无人机是现今无人机主流的气动结构布局，下面以X型四旋翼无人机为例，说明相关飞行控制原理。

X型四旋翼无人机受力示意图如图2-2-3所示，无人机通过控制电机M1、M2、M3、M4带动螺旋桨旋转，提供升力F_1、F_2、F_3、F_4，同时电机和螺旋桨的旋转运动会对机体本身产生反扭矩T_1、T_2、T_3、T_4，螺旋桨的转速越快，升力越大，反扭矩也越大。此时电机M1、M3逆时针转动，电机M2、M4顺时针转动，产生的反扭矩可以互相对消，达到平衡。通过控制各个电机的转速和扭矩的大小，即可实现不同的运动状态。图2-2-3中各电机转速相同，假设升力之和等于飞机自身重力，无人机此时处于悬停状态。

（1）升降运动

无人机克服自身重力进行上升和下降运动是其最基本的功能，当无人机四个旋翼的升力相同，升力总和大于自身重力时，无人机做垂直上升运动；升力总和小于自身重力时，无人机做垂直下降运动。假设四个机臂的升力满足以下关系：

$$F_1 = F_2 = F_3 = F_4 \quad F = F_1 + F_2 + F_3 + F_4$$

若操控四个电机均加速（升力增大），则$F > G$，无人机垂直上升，如图2-2-4所示；若操控四个电机均减速（升力

图2-2-3 X型四旋翼无人机受力示意图（悬停状态）

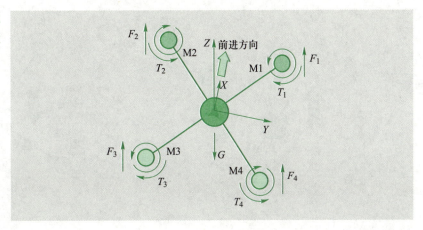

减少），则 $F<G$，无人机垂直下降，如图 2-2-5 所示；若操控四个电机速度不变（升力不变），则 $F=G$，无人机悬停。

（2）偏航运动

四旋翼无人机偏航运动可以借助旋翼产生的反扭矩来实现。旋翼转动过程中由于空气阻力作用会形成与转动方向相反的反扭矩，为了克服反扭矩影响，可使四个旋翼中的两个正转，两个反转，且对角线上的各个旋翼转动方向相同。反扭矩的大小与旋翼转速有关，当四个电机转速相同时，四个旋翼产生的反扭矩相互平衡，四旋翼无人机不发生转动；当四个电机转速不完全相同时，不平衡的反扭矩会引起四旋翼无人机转动。设电机 M1、M3 逆时针转动，电机 M2、M4 顺时针转动，各旋翼产生的反扭矩 T_1、T_2、T_3、T_4 满足以下关系：

$$T_1=T_3 \quad T_2=T_4 \quad F_1+F_2+F_3+F_4=G$$

若操控无人机电机 M1、M3 加速，电机 M2、M4 减速，则 $(T_1+T_3)>(T_2+T_4)$，无人机所受顺时针扭矩大于逆时针扭矩，无人机将进行顺时针偏航运动，如图 2-2-6 所示；若操控无人机电机 M1、M3 减速，电机 M2、M4 加速，则 $(T_1+T_3)<(T_2+T_4)$，无人机所受逆时针扭矩大于顺时针扭矩，无人机将进行逆时针偏航运动，如图 2-2-7 所示。

图 2-2-4 X 型四旋翼无人机垂直上升运动示意图

图 2-2-5 X 型四旋翼无人机垂直下降运动示意图

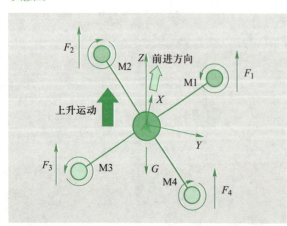

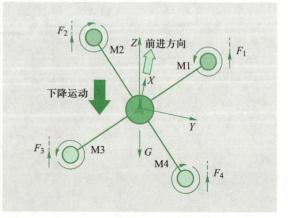

（3）前后运动

若四旋翼无人机四个机臂的升力满足以下关系：

$$F_1=F_2 \quad F_3=F_4 \quad F_1+F_2+F_3+F_4=G$$

若电机M1、M2减速，电机M3、M4加速，则（F_1+F_2）<（F_3+F_4），无人机姿态将向前倾（前低后高），飞机向前运动，如图2-2-8所示；若电机M1、M2加速，电机M3、M4减速，则（F_1+F_2）>（F_3+F_4），无人机姿态将向后仰（前高后低），飞机向后运动，如图2-2-9所示。

图 2-2-6 X 型四旋翼无人机顺时针偏航运动示意图

图 2-2-7 X 型四旋翼无人机逆时针偏航运动示意图

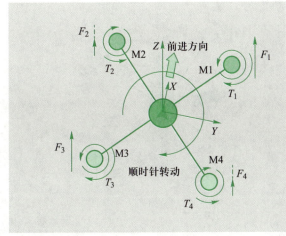
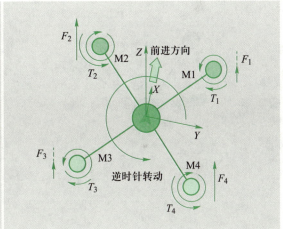

图 2-2-8 X 型四旋翼无人机向前运动示意图

图 2-2-9 X 型四旋翼无人机向后运动示意图

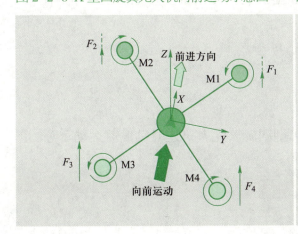
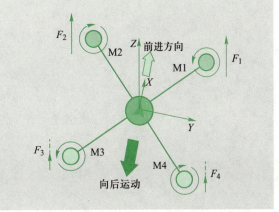

（4）左右运动

若四旋翼无人机四个机臂的升力满足以下关系：

$$F_1=F_4 \quad F_2=F_3 \quad F_1+F_2+F_3+F_4=G$$

若操控无人机电机M1、M4减速，电机M2、M3加速，则$(F_1+F_4)<(F_2+F_3)$，无人机姿态将向右倾（左高右低），飞机向右运动，如图2-2-10所示；若操控无人机电机M1、M4加速，电机M2、M3减速，则$(F_1+F_4)>(F_2+F_3)$，无人机姿态将向左倾（左低右高），飞机向左运动，如图2-2-11所示。

图2-2-10 X型四旋翼无人机向右运动示意图　　图2-2-11 X型四旋翼无人机向左运动示意图

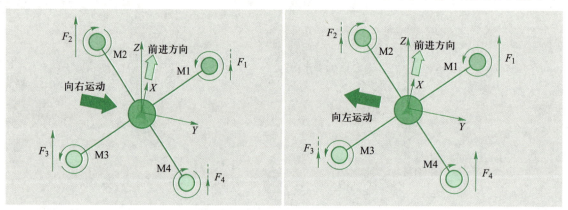

任务实施

步骤1　绘制X型四旋翼无人机垂直上升运动示意图。

步骤2　绘制X型四旋翼无人机逆时针偏航运动示意图。

步骤3　绘制X型四旋翼无人机向前运动示意图。

步骤4　绘制X型四旋翼无人机向左运动示意图。

考核评价

根据任务完成情况，填写表2-2-1。

表 2-2-1 考核评价表

考核项目	内容	分值	自我评价	组内互评	教师评价
多旋翼无人机飞行基本原理	四旋翼无人机扭矩平衡原理	8			
X型多旋翼无人机的飞行控制原理	升降运动	10			
	偏航运动	10			
	前后运动	10			
	左右运动	10			
绘制X型四旋翼无人机运动示意图	垂直上升运动	8			
	逆时针偏航运动	8			
	向前运动	8			
	向左运动	8			
安全与职业素养	遵守实训室管理规定	10			
	遵循实训室 6S 管理规范	10			
	总评				

📡 项目小结

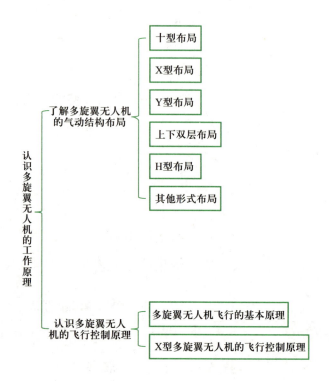

```
                                        ┌─ 十型布局
                                        │
                                        ├─ X型布局
                                        │
                        了解多旋翼无人机    ├─ Y型布局
                        的气动结构布局    ┤
                                        ├─ 上下双层布局
                                        │
认识多旋翼无人机                         ├─ H型布局
的工作原理      ┤                        │
                                        └─ 其他形式布局

                        认识多旋翼无人   ┌─ 多旋翼无人机飞行的基本原理
                        机的飞行控制原理  ┤
                                        └─ X型多旋翼无人机的飞行控制原理
```

✕ 思考与练习

一、填空题

1. _____ 是多旋翼无人机能够起飞的动力来源。

2. 多旋翼无人机主要由 _____ 、_____ 、_____ 、

_____ 、_____ 、_____ 组成。

3. 多旋翼无人机的平台结构形式主要有 _____ 、_____ 、

_____ 、_____ 、_____ 、_____ 。

4. 多旋翼无人机气动结构布局主要有 _____ 、_____ 、

_____ 、_____ 、_____ 。

二、判断题

1. 无边框常规固定式是最常见的多旋翼无人机平台结构形式。

（　　）

2. 多旋翼无人机是依靠改变螺旋桨螺距来控制飞行姿态的。（　　）

3. 多旋翼无人机的气动结构布局只影响外观，与实际的飞行效果无关。

（　　）

4. 多旋翼无人机的飞行原理相对简单，这是多旋翼无人机能够快速占有大部分市场的原因之一。

（　　）

三、选择题

1. 多旋翼飞机由（　　）组成。

A. 机身部分　　　　　　　　　　B. 动力部分

C. 控制部分　　　　　　　　　　D. 载荷部分（如云台、相机）

2. X型四旋翼无人机，其2号电机与3号电机的旋转方向分别是（　　）。

A. 顺时针、顺时针　　　　　　　B. 逆时针、逆时针

C. 顺时针、逆时针　　　　　　　D. 逆时针、顺时针

3. 多旋翼无人机是以（　　）方式实现对飞行器的控制。

A. 改变电机转速　　　　　　　　B. 改变螺旋桨螺距

C. 副翼升降舵面　　　　　　　　D. 转速与螺距联动

4. X型四旋翼无人机前进时，其1、3号电机的动作应（　　）。

A. 加速、加速　　　　　　　　　B. 减速、减速

C. 加速、减速　　　　　　　　　D. 减速、加速

5. 多旋翼无人机四个方向上的运动分别是（　　）。

A. 垂直、俯仰、滚转、升降

B. 垂直、俯仰、滚转、偏航

C. 垂直、俯仰、升降、静止

D. 垂直、俯仰、静止、偏航

四、思考题

1. 目前市面上常见的无人机都有什么气动结构布局？分别举例说明。

2. 简述多旋翼无人机在飞行过程中是如何控制飞行姿态的。

项目三 安装与调试无人机飞控系统

3

项目情境

　　飞行器控制系统（简称飞控系统或飞控）具有导航功能，在无人机系统中也称为自动驾驶仪（简称自驾仪），具有飞控系统是无人机区别于航模的一个主要特征。飞控对于无人机飞行起到非常关键的作用，飞控的安装与调试是否正确在一定程度上决定了无人机是否组装成功。无人机中的飞控系统如图3-0-1所示。市场上的飞控种类繁多（如图3-0-2所示），在组装调试无人机前要选择合适的飞控型号。本项目主要学习飞控基本工作原理、工作参数，并通过实际操作学会按照工作环境和要求正确进行飞控的选型、安装与调试。

图 3-0-1 无人机中的飞控系统　　　　　　图 3-0-2 市场上常见的各种飞控

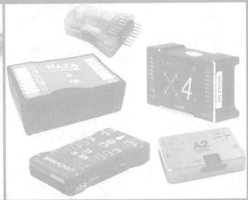

项目目标

1. 了解飞控的作用和工作原理。
2. 掌握飞控的控制过程。
3. 掌握常用飞控选型和安装的方法。
4. 掌握飞控调试的基本流程。

项目知识

1. 物体运动

　　无人机的飞行可以看作物体运动，下面简要介绍研究物体运动的方法。一般情况下，物体所处的空间为三维空间，在三维空间中研究物体的位置、运动可以使用坐标系，常用的坐标系为直角坐标系，确定直角坐标系首先要确定原点。例如，假设教室的中心位置为原点，站在原点面向讲台构成一个直角坐标系，前后方向可以假设为纵轴（X轴），左右方向假设为横轴（Y轴），上下方向假设为立轴（Z轴），如图3-0-3所示。在直角坐标系中，所有运动都可以用在三个轴方向上的位移表示出来，如往讲台方向走了几米就可以表示为沿X轴移动了几米。

在今后的学习中，无人机的飞行姿态、运动方向、运动速度、位移量等参数都要在直角坐标系中用相关参数表示。

2. 无人机运动

对于多旋翼无人机，通常把绕着横轴的运动称为俯仰，绕着纵轴的运动称为滚转或横滚，绕着立轴的运动称为偏转或偏航，如图3-0-4

图 3-0-3 直角坐标系

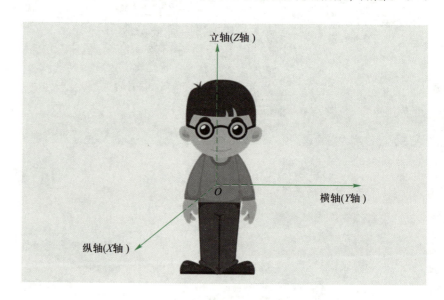

图 3-0-4 无人机运动示意图

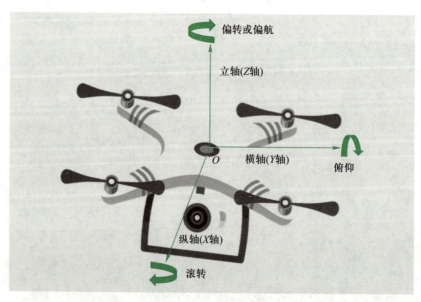

所示。控制多旋翼无人机的飞行，主要是对这三种运动进行控制，如果控制得很好，可以保持无人机正确的飞行姿态和位置。

3. 无人机飞行路线控制

无人机最简单的飞行路线是直线飞行，可以先想象一个人从A点沿直线走到B点的过程分为两步：

步骤1　找到A点并站稳，确定好前进的方向。

步骤2　沿途通过眼睛、大脑不断确定B点的位置，控制身体走直线到达B点。

与控制自身走路类似，控制无人机直线飞行也可以分为两步：

步骤1　在A点稳定好无人机，确定飞行方向。

步骤2　飞行过程中根据GPS信息不断确定B点的位置，通过各种操作控制无人机飞直线到达B点。

更复杂飞行路线的基本控制原理与上面的类似，练习好基本控制技能就可以逐渐掌握无人机的复杂操控。

4. 无人机飞行姿态控制

通过飞控控制无人机的飞行姿态就好像杂技演员进行走钢丝表演一样，杂技演员通过眼睛、皮肤以及耳朵等获知自己的身体平衡状态，通过不断调整身体动作来达到平衡，如图3-0-5所示，在这个过程中眼睛、皮肤以及耳朵等获取外部信息的器官就相当于无人机的传感器，而人的大脑就相当于无人机的飞控。

在飞行过程中，无人机的飞行姿态需要经常改变，根据需要及时、正确地调整飞行姿态可以确保飞行的稳定性。无人机通过丰富的传感器获知飞行姿态相关信息，飞控则根据这些信息进行闭环处理，常用的处理算法是PID控制算法，调整电调的输出，从而稳定无人机的飞行姿态。

图 3-0-5 杂技演员走钢丝表演

任务一 认识飞控组成

任务描述

飞控是多旋翼无人机的重要组成部分，认识飞控的作用、飞控的组成以及飞控的相关参数对组装与维修多旋翼无人机有着非常重要的意义。本任务从认识飞控的作用入手，分析飞控的组成与各参数的作用。

任务目标

1. 了解飞控的概念与作用。

2. 掌握飞控的组成与各部分的作用。

3. 掌握飞控的相关参数。

知识准备

飞控是无人机的大脑，主要功能包括无人机姿态稳定和控制、无人机任务设备管理和应急控制三大类。

1. 飞控的组成与工作原理

飞控主要由IMU（惯性测量单元）、PMU（电源管理模块）、主控器组成。飞控通过接收地面遥控器发出的指令或自备程序的指令来控制无人机的飞行姿态，一般控制流程如下：接收指令—>接收传感器的信号—>进行数据处理—>输出电调（电子调速器）控制信号，控制电机转动，如图3-1-1所示。

图 3-1-1 飞控的组成及控制流程

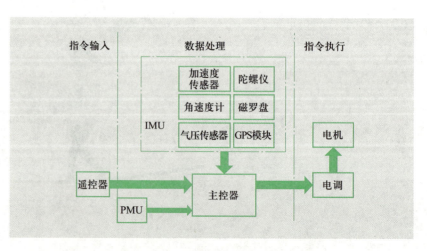

（1）主控器

主控器一般为单片机或嵌入式核心板，是飞控的核心功能部件，用于接收、分析和处理各传感器的数据获知无人机的飞行状态。

（2）IMU

IMU由角速度计、加速度传感器（加速度计）、陀螺仪、气压传感器、磁罗盘、GPS模块等组成，基本包括飞控必需的传感器，用于检测无人机的基本飞行数据，确定无人机的飞行姿态。

（3）PMU

PMU在飞控中用来进行电源分配、电池状态检测，不同型号飞控构成PMU的方式不同，如在PIX系列飞控中使用电流计作为PMU模块。

飞控通过IMU感知无人机的飞行状态，包括飞行方向、飞行高度、运动姿态以及飞行方位等，如图3-1-2所示。主控器根据这些信息来输出信号给电调，从而控制电机的转速让无人机做出相应的动作。

图3-1-2 飞控工作原理示意图

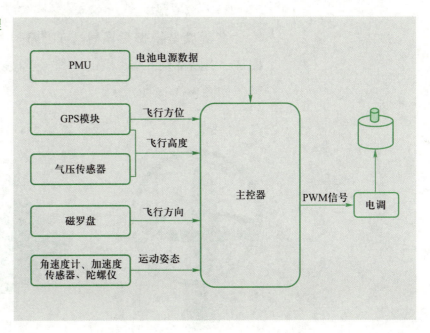

（4）LED模块

LED模块是飞控状态的显示模块，同时也是飞控调试的外部接口，LED模块通过不同颜色的灯光指示飞控和无人机的状态。

2. 飞控中的传感器

飞控中的传感器主要有陀螺仪、加速度传感器、磁罗盘、气压传感器、超声波传感器、光流传感器、GPS模块。

（1）陀螺仪

旋转物体的旋转轴所指的方向可以保持恒定，这是陀螺仪的工作原理。在无人机中，陀螺仪用来测量机身所处的方向，如图3-1-3所示。

（2）加速度传感器

加速度可以准确地描述物体的运动状态，包括加速、减速、平速、转弯等，从而提示物体运动趋势的幅度和方向，对控制物体运动提供参考。加速度传感器是一种能够测量加速度的传感器，又称为加速度计，是测量无人机飞行状态的重要传感器，如图3-1-4所示。

（3）磁罗盘

磁罗盘是根据指南针（如图3-1-5所示）的原理制造而成，用来检测无人机的三维姿态数据：偏航、俯仰、滚转，如图3-1-6所示。

图3-1-3 陀螺仪　　　　　图3-1-4 加速度传感器

图 3-1-5 指南针　　　　　　　图 3-1-6 磁罗盘

　　磁罗盘中常用的磁敏感元件除磁棒外还有磁感应元件。这种元件测量灵敏度高，能直接输出电信号，适于远距离传输，故在磁传感器中获得广泛的应用。

　　通常在使用磁罗盘之前需要进行磁偏角校正，校正的关键是针对磁偏角的两种不同情况正确判断度盘改正的方向。若磁北偏于坐标北之东，则坐标方位角大于磁方位角，此时应将度盘0°分划线顺时针拨动，以增大照准目标后磁针指北端的计数；若磁北偏于坐标北之西，则坐标方位角小于磁方位角，此时应将度盘0°分划线逆时针拨动，以减小照准目标后磁针指北端的读数。经过校正的磁罗盘，即可直接测量直角坐标系的方位角。

　　大疆系列飞控上磁罗盘校准的标准动作是将飞控先水平逆时针旋转一圈，再竖直逆时针旋转一圈，如图3-1-7所示。

　　（4）气压传感器

　　气压传感器主要用于测量大气的压强，如图3-1-8所示，通过测量大气的压强可以预测天气的变化，也可以间接测量海拔高度。使用气压传感器测量不受障碍物的影响，测量高度范围广，但是间接测量的海拔高度的误差相对较大，

图 3-1-7 大疆系列飞控磁罗盘校准的动作示意

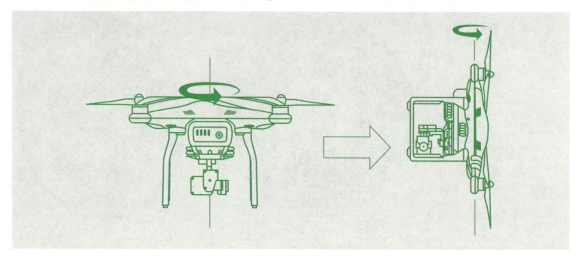

特别是在近地面测量的场合，受风、湿度、粉尘颗粒等影响，测量的精度受到更大影响，在高空中测量精度有所改善。

（5）GPS模块

GPS（全球卫星定位系统）是一种利用卫星在全球范围内进行实时定位和导航的系统，其基本原理是测量出已知位置卫星到用户接收器（也称为接收机）之间的距离，然后综合多颗卫星（至少三颗）的位置数据可以确定接收器的具体位置，如图3-1-9所示。

图 3-1-8 气压传感器

图 3-1-9 GPS 基本工作原理示意

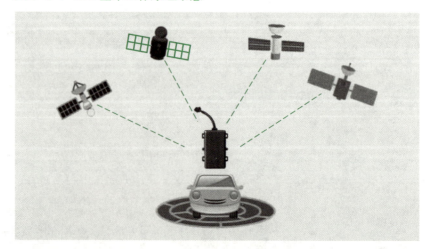

通过GPS模块也可以测量飞行高度，目前飞控测量飞行高度一般通过气压传感器与GPS模块相结合的方式。

（6）超声波传感器

超声波传感器（如图3-1-10所示）的基本工作原理是向被测物发射超声波信号，通过接收装置接收反射回的超声波信号并将其转换成其他能量信号（通常是电信号），从而达到测量的目的。超声波对液体、固体的穿透能力很大，尤其是在不透明的固体中，可以穿透几十米的深度。超声波碰到杂质或分界面会产生显著反射波，碰到活动物体会产生多普勒效应，因此可以使用超声波传感器测量距离，飞控中通过超声波传感器测量障碍物的距离来调整飞行路线，达到避障的目的。

任务实施

NAZA-M lite型飞控是新推出的商业多旋翼无人机飞控，采用先进的姿态稳定算法，通过GPS模块可以实现精准定位悬停，支持多种智能飞行模式，多用于小型的四旋翼、六旋翼无人机。

1. 认识NAZA-M lite型飞控组成

NAZA-M lite型飞控套件包装如图3-1-11所示。NAZA-M lite型飞控套件主要组成模块如图3-1-12所示。NAZA-M lite型飞控组成模块的接线方式如图3-1-13所示。结合

图 3-1-10 常见的超声波传感器

图 3-1-11 NAZA-M lite 型飞控套件包装

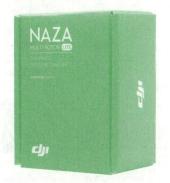

图 3-1-12 NAZA-M lite
型飞控套件主要组成模块

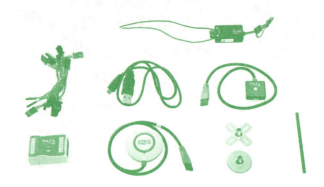

图 3-1-13 NAZA-M lite 型飞控组成模块的接线方式

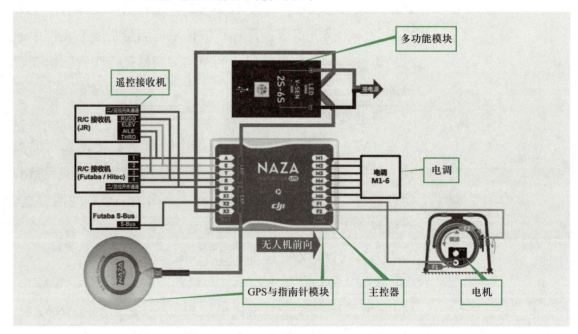

前面学习的飞控组成及工作原理，识别NAZA-M lite型飞
控各模块的外观、作用，将结果填写在表3-1-1中。

表 3-1-1 识别 NAZA-M lite 型飞控各模块的外观、作用

序号	外观	名称	作用
1			

序号	外观	名称	作用
2			
3			
4			
飞控框图			

2. 认识NAZA-M lite型飞控中的传感器

通过查阅资料，认识NAZA-M lite型飞控中的传感器，将结果填写在表3-1-2中。

表3-1-2 NAZA-M lite 型飞控中的传感器

序号	名称	所属模块	作用
1			
2			
3			
4			

考核评价

根据任务完成情况，填写表3-1-3。

表3-1-3 考核评价表

考核项目	内容	分值	自我评价	组内互评	教练评价
飞控的组成与工作原理	主控器	5			
	IMU	5			
	PMU	5			
	LED 模块	5			
飞控中的传感器	陀螺仪	10			
	加速度传感器	10			
	磁罗盘	10			
	气压传感器	5			
	GPS 模块	10			
	超声波传感器	5			
认识 NAZA-M lite 型飞控	认识组成	5			
	识别外观、作用	5			
安全与职业素养	遵守实训室管理规定	10			
	遵循实训室 6S 管理规范	10			
	总评				

任务二 选择飞控组件

任务描述

市面上飞控各种各样，不同的飞控在性能、价格、功能上有很大的差别，在进行无人机组装与调试时选择合适的飞控不仅让组装出来的无人机具有较好的飞行体验，还要兼顾价格，使无人机的组装成本得到有效降低。

本任务通过学习各种飞控，结合需求选择一款合适的飞控进行无人机组装。

任务目标

1. 了解常用飞控。

2. 掌握常用飞控的性能指标。

3. 能根据需求进行飞控的选择。

知识准备

飞控是无人机中至关重要的部件，选择飞控除了要考虑价格外，还需要根据无人机的用途和飞行要求选择飞控的性能指标。目前，飞控主要分为面向基础应用的入门飞控、面向个性化需求的开源飞控和面向专业应用领域的品牌飞控，当然这样的分类也不是非常严格，例如有很多厂家也生产入门级的品牌飞控产品。

1. 飞控的性能指标

（1）稳定性

稳定性是选择飞控首要考虑的问题，一般而言，品牌飞控比开源飞控稳定性强，工业级飞控比消费级飞控稳定强，例如同为大疆生产的飞控，应用于工业场合的N3系列飞控比应用于消费领域的NAZA-M系列飞控稳定性好。

（2）便捷性

便捷性是指飞控接口设计友好且调节参数方便、快捷。一般而言，品牌飞控由于有专业厂家设计的操作平台，因此便捷性更好。例如，NAZA-M系列飞控在出厂时已基本设置好相关参数，并且支持远程调试功能，一般用户只需要进行简单的调试便可直接飞行。

（3）可拓展性

可拓展性是指飞控是否支持二次开发，是否留有相关的开放接口协议，这一性能指标对于无人机的应用而言是非常重要的。由于无人机是一个飞行平台，使用无人机进行作业需要在无人机上搭载相应的载荷，因此飞控的可拓展性为搭载差异性较大的不同载荷提供了可能。

2. 飞控的应用场合

应用场合也是选择飞控时要考虑的主要问题，例如，在航拍、测绘、巡线等对无人机要求较为苛刻的应用场合，选择针对相应场合的品牌飞控比较稳妥；在进行无人机二次开发、新功能拓展的场合，则可以选择开源飞控。在基础飞行训练和穿越训练的场合，入门飞控是不错的选择。

3. 飞控的类型

（1）入门飞控

入门飞控的连接、调试简便，价格便宜，但是功能比较单一，稳定性较差，可拓展性较差，主要应用于入门级的穿越机和小型多旋翼无人机。入门飞控的代表产品有KK飞控、QQ飞控、CC3D飞控等，如图3-2-1~图3-2-3所示。

（2）开源飞控

开源是指开发资源的免费共享，这意味着很多一手的技术资料可以通过网络无偿取得，这更有利于技术的发展和突破。开源飞控调试较为复杂，但可拓展性好，适合有定制需求的开发者使用。目前，市场上应用的无人机开源飞控较多，比较经典的是Arduino飞控和APM飞控。

① Arduino飞控

Arduino飞控由开源硬件项目Arduino拓展而来，在Arduino项目中可以通过与其配套的Arduino IDE软件查看源代码并上传自己编写的代码。Arduino飞控是其他开源飞

图 3-2-1 KK 飞控

图 3-2-2 QQ 飞控

图 3-2-3 CC3D 飞控

（a）弯针　　　（b）直针

控的基础。MWC飞控就是基于Arduino平台搭载了MWC飞控固件，并不是硬件产品。

② APM飞控

APM飞控是2007年由DIY无人机社区推出的飞控产品，也是基于Arduino的飞控，具有很好的拓展性，如图3-2-4所示。PIX飞控是APM飞控的升级版，是一款基于32位ARM芯片的开源飞控，目前市面上流行的PIX飞控是经各厂商简化和封装后的PixHawk飞控，如图3-2-5所示。

③ F3/F4飞控

F3飞控是继CC3D飞控后兴起的开源飞控，是Spracing F3飞控的简称，该飞控采用STM32F3xx系列主控芯片，如图

图 3-2-4 APM 飞控

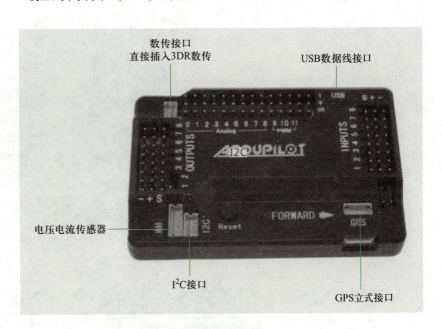

图 3-2-5 PixHawk 飞控

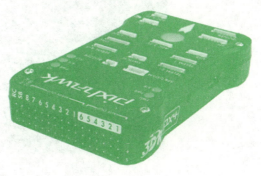

3-2-6所示。F4飞控采用STM32F4xx系列主控芯片，如图 3-2-7所示，按这个命名规则CC3D飞控也可称为F1飞控。 F3/F4飞控集成气压传感器、陀螺仪、加速度传感器、磁罗盘，还可拓展GPS、LED模块、声呐等，是专门为穿越机开发设计的飞控系统，可以进行定高、定点、翻滚等操作。

（3）品牌飞控

下面简要介绍一些目前市场比较流行的品牌飞控。

① 大疆系列飞控

大疆无人机已经成为消费级无人机的代表，同样大疆系列飞控也是目前相对成熟的品牌飞控。大疆系列飞控具有稳

图 3-2-6 F3 飞控

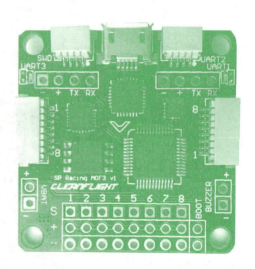

图 3-2-7 F4 飞控

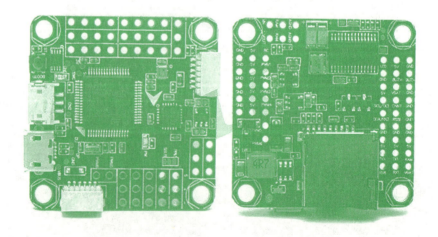

定性好、连接简单、实用方便、适合新手入门等特点。

目前，大疆系列飞控包括NAZA、A2、A3、N3、wukong（已经停产，市场有一定保有量）等系列，如图3-2-8、图3-2-9所示。

② 极飞、零度系列飞控

极飞、零度系列飞控具有性能稳定、调试简单、技术支持好等特点，但价格相对比较昂贵，如图3-2-10、图3-2-11所示。

③ 拓攻系列飞控

拓攻系列飞控支持市面上所有多旋翼无人机结构，具有抗强磁干扰、失控保护和断桨保护等功能，且采用一体化设计，是工业级飞控的代表，其主要产品有农业植保专用的T1-A飞控（如图3-2-12所示），以及多旋翼无人机行业应用的M2飞控（如图3-2-13所示）。

图 3-2-8 NAZA 系列飞控

图 3-2-9 N3 系列飞控

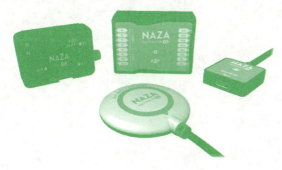

图 3-2-10 极飞的极趣（MINIX）系列飞控

图 3-2-11 零度的双星子（GEMINI）系列飞控

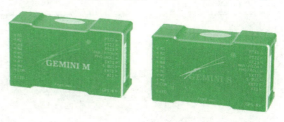

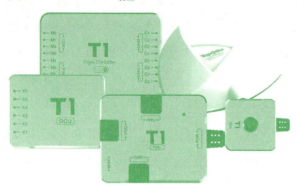

图 3-2-12 T1-A 飞控

图 3-2-13 M2 飞控

任务实施

查阅相关型号飞控的性能指标、适用无人机轴数、类型、价格、应用场合，将结果填写在表3-2-1中。

表 3-2-1 不同型号飞控的特点

型号	性能指标	适用无人机轴数	类型	价格	应用场合
NAZA-M					
A2/A3					
N3					
极趣					
双星					
T1-A					
QQ					
F3					
F4					
CC3D					

考核评价

根据任务完成情况，填写表3-2-2。

表 3-2-2 考核评价表

考核项目	内容	分值	自我评价	组内互评	教师评价
了解飞控	飞控的性能指标	10			
	飞控的应用场合	10			
飞控的类型	入门飞控	15			
	开源飞控	15			
	品牌飞控	15			
选择飞控	根据性能应用场合、价格、类型以及性能指标合理选择飞控	15			
安全与职业素养	遵守实训室管理规定	10			
	遵循实训室 6S 管理规范	10			
总评					

任务三 连接和调试品牌飞控

任务描述

本任务以 NAZA-M V2 型飞控为例，熟悉品牌飞控的连接和调试过程。

任务目标

1. 了解 NAZA-M V2 型飞控的接口定义。

2. 掌握 NAZA-M V2 型飞控的连接。

3. 掌握 NAZA-M V2 型飞控的调试。

知识准备

1. 大疆系列飞控连接的一般流程

大疆系列飞控的连接设计较为友好，一般对照着接口说明就可以完成飞控的连接，可以遵循图 3-3-1 所示流程。其中，GPS、载荷部分不是标配的，需要根据不同的需求进行搭配。

图 3-3-1 大疆系列飞控
连接的一般流程

2. 大疆系列飞控调试的一般流程

不同的无人机在轴数、轴距、电调参数、电池参数、传感器数量等方面都会有所差别，无人机飞控在出厂设置时一般只进行了简单的飞行参数初始化，要想飞控在适应不同的无人机时表现出较好的性能，需要根据实际情况对相关参数进行调整，这一过程称为飞控的调参。

飞控调试内容除了调参外还主要包括确定IMU、GPS的安装位置，选择无人机的类型，选择多旋翼无人机的轴数和气动布局，确定遥控器模式，校准油门行程，校准磁罗盘，设置飞行模式以及安全保护等。

大疆系列飞控调试一般遵循先进行基础设置再设置辅助功能的原则，调试的一般流程如图3-3-2所示。

3. NAZA-M V2型飞控的接口定义

NAZA-M V2型飞控的主控器、PMU、LED模块和GPS/指南针模块的接口定义如图3-3-3~图3-3-5所示。

4. NAZA-M V2型飞控的使用注意事项

NAZA-M V2型飞控具有性价比高、稳定性强的特点，在使用时有一些注意事项。

图 3-3-2 大疆系列飞控
调试的一般流程

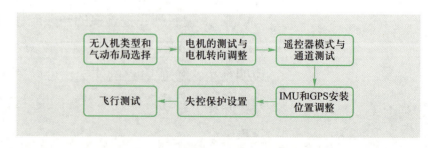

图 3-3-3 NAZA-M V2 型飞控的主控器接口定义

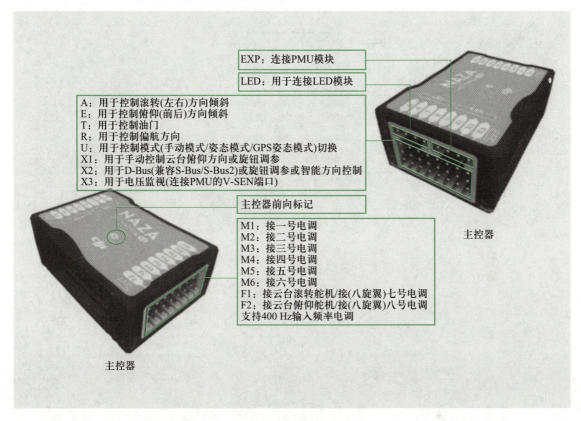

EXP：连接PMU模块

LED：用于连接LED模块

A：用于控制滚转(左右)方向倾斜
E：用于控制俯仰(前后)方向倾斜
T：用于控制油门
R：用于控制偏航方向
U：用于控制模式(手动模式/姿态模式/GPS姿态模式)切换
X1：用于手动控制云台俯仰方向或旋钮调参
X2：用于D-Bus(兼容S-Bus/S-Bus2)或旋钮调参或智能方向控制
X3：用于电压监视(连接PMU的V-SEN端口)

主控器前向标记

M1：接一号电调
M2：接二号电调
M3：接三号电调
M4：接四号电调
M5：接五号电调
M6：接六号电调
F1：接云台滚转舵机/接(八旋翼)七号电调
F2：接云台俯仰舵机/接(八旋翼)八号电调
支持400 Hz输入频率电调

主控器

主控器

图 3-3-4 NAZA-M V2 型飞控的 PMU 接口定义

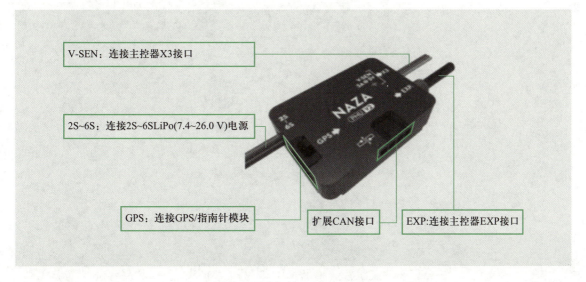

V-SEN：连接主控器X3接口

2S~6S：连接2S~6SLiPo(7.4~26.0 V)电源

GPS：连接GPS/指南针模块

扩展CAN接口

EXP:连接主控器EXP接口

图 3-3-5 NAZA-M V2 型飞控的 LED 模块与 GPS/指南针模块接口定义

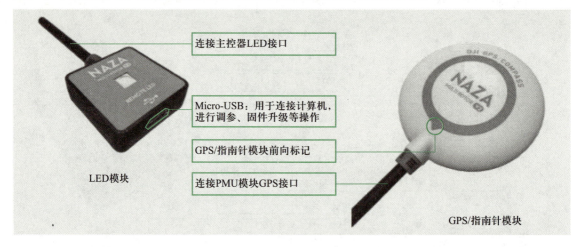

连接主控器LED接口

Micro-USB：用于连接计算机，进行调参、固件升级等操作

GPS/指南针模块前向标记

连接PMU模块GPS接口

LED模块

GPS/指南针模块

（1）气动布局

NAZA-M V2型飞控是专门为8轴以下的多旋翼无人机设计的飞控，相关的气动布局如图3-3-6所示。当用于八旋翼无人机时，原用于控制云台的F1、F2通道被占用，因此无法支持云台功能。

图 3-3-6 NAZA-M V2 型飞控支持的多旋翼无人机的气动布局

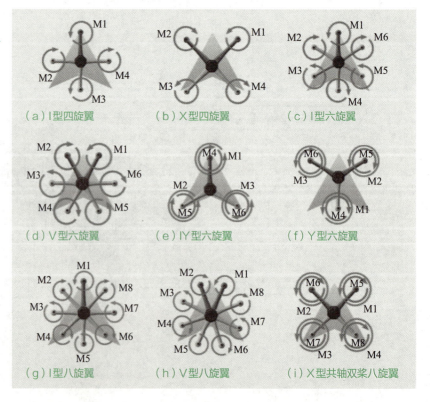

（a）I型四旋翼　　（b）X型四旋翼　　（c）I型六旋翼

（d）V型六旋翼　　（e）IY型六旋翼　　（f）Y型六旋翼

（g）I型八旋翼　　（h）V型八旋翼　　（i）X型共轴双桨八旋翼

（2）感度

无人机的感度指的是飞行参数的设置对无人机飞行的影响。其中基本感度是指外界对无人机的影响，姿态感度是指遥控摇杆控制对无人机的影响。在飞控中设置不同的感度会直接影响无人机的飞行体验，大疆系列飞控对于不同机架的感度的建议设置见表3-3-1。

表 3-3-1 大疆系列飞控对于不同机架的感度的建议设置

机架	基本感度				姿态感度		最大角速率	
	俯仰	滚转	偏航	垂直	俯仰	滚转	俯仰	滚转
S900	100	100	100	100	160	160	220	220
F450	95	95	70	100	100	100	300	300
F550	110	100	80	100	100	100	300	300

（3）控制模式

NAZA-M V2型飞控有3种控制模式，相关特性见表3-3-2。

表 3-3-2 NAZA-M V2 型飞控控制模式的特性

	GPS 姿态模式（需接入 GPS/指南针模块）	姿态模式	手动模式
尾舵角速度	最大尾舵角速度为 150°/s		
摇杆线性控制	是		
摇杆命令的含义	机身姿态控制；摇杆中位对应机身姿态 0°，摇杆端点对应机身姿态 35°		相应操作的角速度控制，最大角速度为 150°/s，无姿态角度限制，无垂直方向速度锁定
高度锁定	在距离地面 1 m 以上的高度，可以很好地锁定飞行高度		无
松开摇杆	在有 GPS 信号的情况下，锁定位置不变	无位置锁定，仅稳定姿态	不建议（非专业人员勿试）

	GPS 姿态模式（需接入 GPS/指南针模块）	姿态模式	手动模式
无 GPS 信号	GPS 信号丢失约 3 s后，飞机进入姿态模式	无位置锁定，仅稳定姿态	—
安全性	姿态与速度混合控制；低电压保护		依靠多年操作经验
	失控时能定点悬停	失控时能回中稳定	
	接入 GPS/指南针模块，并且满足失控返航条件，所有控制模式下（GPS 姿态模式/姿态模式/手动模式/IOC 控制模式），无人机都将进入失控返航		
使用领域	航拍作业	竞技飞行	—

（4）电机启动的操作方式

无人机起飞前直接推油门操作杆不会启动电机，必须执行图 3-3-7 所示四种操作杆动作（也称掰杆）之一才能启动电机。

（5）电机的停止模式

① 立即模式

无人机电机启动后，一旦油门杆超过 10%，当油门杆再次低于 10% 时，电机将立即停转，这种电机停止的模式称为立即模式。电机以立即模式停止后，如果在 5 s 内紧接着推油门杆至 10% 以上，电机会直接重启，而无需执行操作杆动作。

② 其他模式

在手动模式下，只有采用操作杆动作才能停止电机。在姿态模式下，可以采用以下四种方式停止电机：

图 3-3-7 启动电机的四种操作杆动作

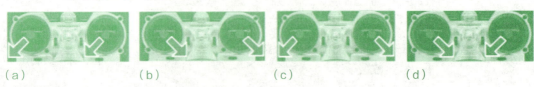

（a）　　　　　　　（b）　　　　　　　（c）　　　　　　　（d）

- 在电机启动后3 s内没有推油门杆至10%以上。
- 采用操作杆动作。
- 油门杆低于10%，并且成功着陆3 s后。
- 无人机飞行倾斜角度超过70°，并且油门杆低于10%。

（6）GPS模块的指南针校准

如果无人机飞行中需要使用GPS模块，应该进行指南针校准，校准前要注意不要在含铁磁性物质的区域校准（如磁矿、停车场、带有地下钢筋的建筑区域等），校准时不要随身携带铁磁物质（如钥匙、手机等）。

指南针校准的步骤如下：

步骤1　打开遥控器，接通飞控系统电源。

步骤2　使控制模式开关在手动模式和GPS模式（或GPS姿态模式）之间快速来回切换超过5次（"手动模式→GPS模式→手动模式"为1次），直到黄色LED指示灯常亮，进入校准模式。

步骤3　保持无人机处于水平状态，以重力方向为轴旋转约360°，直至绿色LED指示灯常亮，如图3-3-8所示。

步骤4　机头朝下竖起无人机，以重力方向为轴旋转约360°，直至绿色LED指示灯熄灭，即完成校准，如图3-3-9所示。

如果校准成功，校准模式将自动退出，LED指示灯正常闪烁；如果校准失败，红色LED指示灯持续闪烁，此时可以再切换1次控制模式取消当前校准状态，重新校准，直

图 3-3-8 指南针校准动作 1　　　　图 3-3-9 指南针校准动作 2

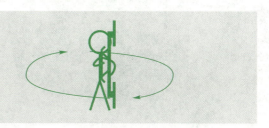

至成功。

任务实施

NAZA-M V2型飞控的主控器如图3-3-10所示。

1. 连接飞控

（1）连接主控器与接收机

接收机是地面遥控设备的天空端，图3-3-11所示为天地飞9遥控器对应的WFR095接收机，该接收机采用PWM（脉冲宽度调制）的通信协议，每一个通道输出需要连接一根通信线。

在固定的操作杆模式下，接收机的前四个通道都有其固定的意义。在美国手情况下，通道1代表副翼（AIL），通道2代表升降（ELE），通道3代表油门（THR），通道4代表偏航（RUD）；在日本手情况下，通道1代表副翼（AIL），通道2代表油门（THR），通道3代表升降（ELE），通道4代表偏航（RUD）。根据每个通道所代表意义的首字母，可以很容易在主控器上找到对应的字母，根据对应关系可以很容易地连接主控器和接收机，而U则是飞控中预设用来进行飞行模式控制的通道，可以选择通道5，如图3-3-12所示。

（2）连接主控器与电调

主控器在处理分析完指令信号和传感器信号后，最终还是需要根据指令和无人机的状态驱动电调电机使无人机做出

图 3-3-10 NAZA-M V2 型飞控的主控器　　图 3-3-11 天地飞 WFR095 接收机

图 3-3-12 主控器与接收
机的连接示意图（美国手）

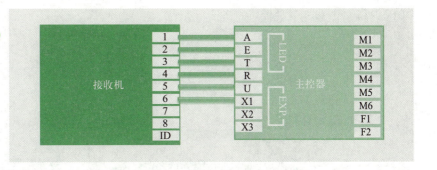

相应的动作。主控器与电调电机的信号走向是：主控模块→电调→电机。

连接主控器与电调前还需要确定电机的序号，电机的序号与多旋翼无人机的气动布局有关，主控器与电调电机的连接示意图如图3-3-13所示。

（3）连接主控器与其他模块

主控器与PMU、LED模块、GPS模块的连接相对较为简单，只要根据主控器和各模块的标识进行连接即可，如图3-3-14所示。

2. 设置遥控器

在遥控器中，设置机型为多旋翼无人机F450，操作杆模式为美国手，如图3-3-15所示。

参照相关产品资料完成遥控器和接收机的对频，将通道5设置为辅助通道，通道6设置为三位开关所在通道，在监视器菜单下查看各通道设置是否正确，在主菜单下查看

图 3-3-13 主控器与电调
电机的连接示意图

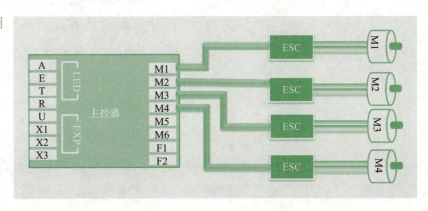

图 3-3-14 主控器与其他模块的连接示意图

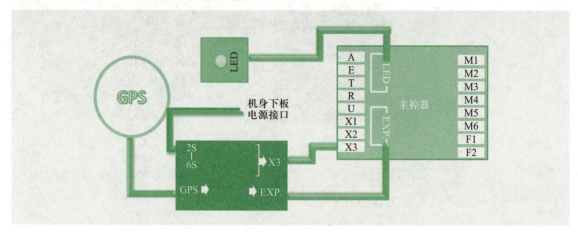

图 3-3-15 设置机型和操作杆模式

机型、名称等设置是否正确。

3. 飞控调参

（1）启动调参软件和飞行器准备

步骤1　连接计算机和LED模块上的USB接口。

步骤2　启动调参软件 NM 。

步骤3　打开遥控器开关。

步骤4　给飞行器（无人机）通电。

（2）选择飞行器类型与电机测试

步骤1　在调参软件中，选择"基础"菜单栏中的"飞行器"选项卡，将飞行器类型设置为"X型四旋翼飞行器"，如图3-3-16所示。在设置过程中应注意查看提示文字。

步骤2　单击"电机测试"按钮，测试每个电机是否能

图 3-3-16 选择飞行器
类型

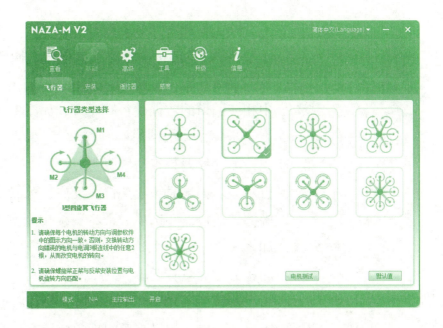

够正常工作，每个电机的转向是否正确。如果出现电机转向不对，应调换该电机与电调连接线中任意两根的线序。

（3）设置GPS模块的安装位置

在"基础"菜单栏中选择"安装"选项卡，根据提示设置GPS模块的安装位置，如图3-3-17所示。

图 3-3-17 设置 GPS 模块的安装位置

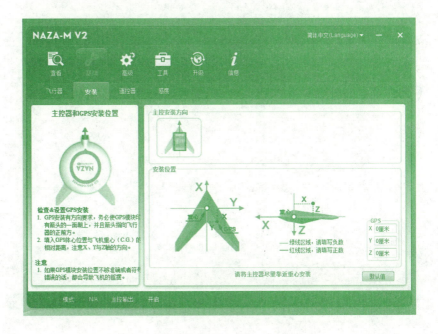

（4）检测与调试遥控器通道

步骤1　选择"查看"菜单栏，操作遥控器的操作杆分别控制A、E、T、R、U、X1、X2通道，观察"通道监测"中相应通道的数据是否有反应，如图3-3-18所示。

步骤2　如果"通道监测"的相关数据没有反应，应该先检测遥控器是否与接收机对频成功，若不成功，再一次进行对频。如果对频成功仍无反应，可以打开"基础"菜单栏中的"遥控器"选项卡，将"接收机类型"设置为"普通"，如图3-3-19所示，此时操作遥控器操作杆，"通道监测"的相关数据应有反应。

步骤3　观察"通道监测"中各通道数据是否正确，有无反向情况，如果有反向现象应该在遥控器"正反设置"菜单下将对应的通道修改正确，如图3-3-20所示。

步骤4　操作辅助通道5所在的三位开关，观察"基础"菜单栏中"遥控器"选项卡的"控制模式切换"的变化是否与预设一样。如果不一样，应该在遥控器"舵角设置"菜单下，对通道5的数据进行设置，直到三位开关的3个挡位分

图 3-3-18 观察"通道监测"中相应通道的数据

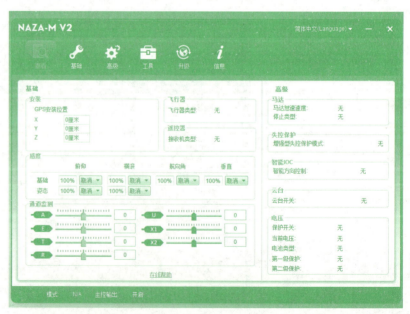

图 3-3-19 设置接收机
类型

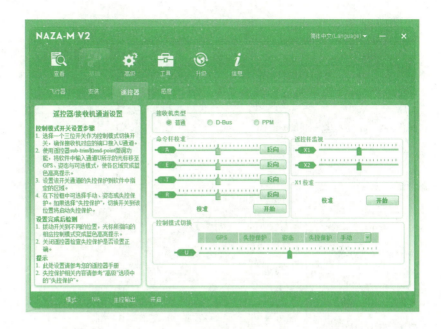

图 3-3-20 "正反设置"
菜单

别对应 GPS、姿态、手动三挡。

（5）测试飞控调参效果

步骤1　断开无人机电源。

步骤2　断开飞控与计算机的连接。

步骤3　接上无人机电源。

步骤4　操作杆动作启动电机。

步骤5　测试电机是否能正常启动，转向是否正确。

评价考核

根据任务完成情况，填写表 3-3-3。

表 3-3-3 考核评价表

考核项目	内容	分值	自我评价	组内互评	教师评价
大疆系列飞控	连接的一般流程	5			
	调试的一般流程	5			

考核项目	内容	分值	自我评价	组内互评	教师评价
NAZA-M V2 型飞控	接口	5			
	气动布局	5			
	感度	5			
	控制模式	5			
	电机启动的操作方式	5			
	电机的停止模式	5			
飞控的安装与调试	GPS 模块的指南针校准	10			
	接线	10			
	设置遥控器	10			
	调参	10			
安全与职业素养	遵守实训室管理规定	10			
	遵循实训室 6S 管理规范	10			
	总评				

任务四 连接和调试开源飞控

任务描述

PixHawk 飞控是 3DR 推出的新一代飞控，是典型开源飞控的代表，具有可拓展性强、应用场合广泛、稳定性好等特点。PixHawk 飞控具有 32 位 CPU，并且提供更大内存，采用分布处理方式。市面上很多飞控都是基于 PixHawk 飞控开发的，学会 PixHawk 飞控的连接和调参是使用更高级飞控的基础。

任务目标

1. 了解 PixHawk 飞控的组成和接口。

2. 掌握 PixHawk 飞控的连接。

3. 掌握 PixHawk 飞控的调参。

知识准备

PixHawk 飞控是一款基于 STM32 的 32 位 ARM 开源飞

控，接口丰富并且功能强大，如图3-4-1所示。

1. PixHawk飞控的组成

PixHawk飞控主要由主控器以及各种传感器和接口组成。

（1）主控器

PixHawk飞控的主控器由STM32F427主处理器和STM32F103备用故障保护协处理器组成，并带有2MB的程序存储器和256 KB的运行内存。32位的STM32F103备用故障保护协处理器采用独立供电，可以在主处理器失效时实现手动恢复。另外，主控器还有存储卡扩展槽，用于扩展记录数据日志和其他用途的存储卡。

（2）传感器

PixHawk飞控主要有以下各种传感器：

· 三轴16位ST Micro L3GD20H陀螺仪：用于测量旋转速度。

· 三轴14位加速度传感器和磁力计：用于确认外部影响和磁罗盘指向。

· 可选择外部磁力计：在需要的时候可以自动切换。

· MEAS MS5611气压传感器：用于测量高度。

· 内置电压电流传感器：用于确认电池状况。

· 可外接UBLOX LEA GPS：用于确认无人机的绝对位置。

（3）正面接口

PixHawk飞控提供了丰富的接口，包括各种可扩展接口和专用接口，其正面接口如图3-4-2所示。

① Spektrum DSM接收机接口：该接口允许使用Specktrum遥控接收机，并且兼容DSM2/DSM-X卫星接收机以及Futaba S.BUS输入和输出。

② TELEM2接口：遥测接口2，连接无线遥测器。

③ TELEM1接口：遥测接口1，连接屏幕显示器。

④ USB接口：包括内置接口以及外置扩展接口。

图 3-4-1 PixHawk 飞控　　图 3-4-2 PixHawk 飞控的正面接口

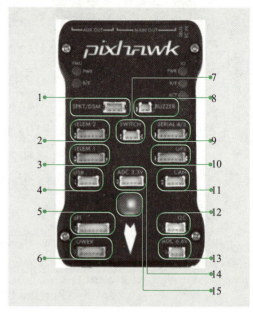

⑤ SPI接口：串行外设接口。

⑥ POWER接口：供电模块接口。

⑦ SWITCH接口：安全开关按钮接口。

⑧ BUZZER接口：蜂鸣器接口。

⑨ SERIAL 接口：串口，共有5个，其中，有1个支持大功率，有2个有硬件流量控制。

⑩ GPS接口：GPS模块接口。

⑪ CAN（控制器局域网）总线接口：2个，其中，有1个内部3.3V收发接口，有1个在扩充接口上。

⑫ I^2C接口：连接分路器或磁罗盘。

⑬ ADC 6.6V接口：6.6V模数转换器接口。

⑭ ADC 3.3V接口：3.3V模数转换器接口。

⑮ 状态指示灯：用来指示飞控的状态是否正常。

（4）侧面接口

PixHawk飞控的侧面接口包括接收机输入接口和输出接口两部分，其中接收机输入接口包括遥控接收机（RC）和卫星接收机（SB）两种，输出接口包括主输出和辅助输出两类，如图3-4-3所示。

① 接收机输入：用于PPM、S-BUS协议的接收机信号输入。

② S-BUS输出：S-BUS信号输出，预留和高级设置使用。

③ 主输出（8个）：控制信号的输出，用于连接电调电机。

④ 辅助输出（6个）：预留和高级设置。

（5）综合供电系统

PixHawk飞控的综合供电系统集成有电压电流传感器，可以实现协同系统供电，设计有良好的二极管控制器，提供自动故障切换和冗余供电输入，可支持高电压（10 V）、大电流（10 A）供电，所有输出都有过电流保护，所有输入都有防静电保护。

（6）其他组成部件

① 选装安全按钮：可以实现安全激活或者关闭电机。

② LED指示灯驱动器：支持外接高亮度彩色LED指示灯，用于表明飞行状态。

图 3-4-3 PixHawk 飞控的侧面接口

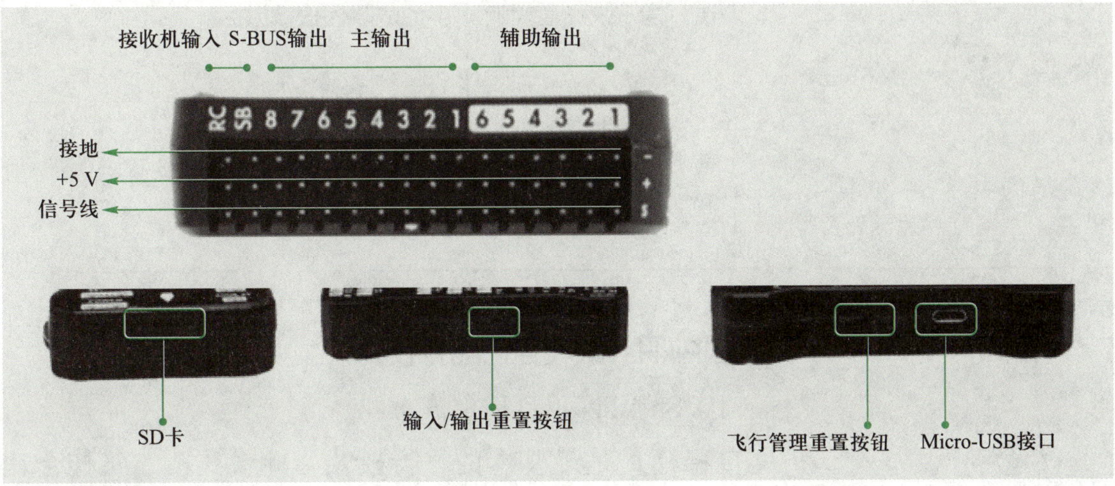

③ 压电声音指示器：提供多种提示音，可以得知实时飞行状态。

④ UBLOX GPS模块：具有外壳，内置磁力计，性能更好。

2. PixHawk飞控指示灯的含义（见表3-4-1）

表 3-4-1 PixHawk 飞控指示灯的含义

现象	描述	含义
红 蓝 红 蓝	红灯和蓝灯闪	初始化中，请稍等
黄 黄 ○ 黄	黄灯双闪	错误，系统拒绝解锁
○ 蓝 ○ 蓝	蓝灯闪	已加锁，GPS 搜星中。在自动导航、悬停以及返回出发点模式时需要 GPS 锁定
○ 绿 ○ 绿	绿灯闪	已加锁，GPS 已锁定，准备解锁。从加锁状态解锁时，会有快速的两次响声提示
绿 绿 绿 绿	绿灯长亮 + 单次长响	GPS 锁定并且解锁。准备起飞
○ 黄 ○ 黄	黄灯闪	遥控故障保护被激活
○ 黄 ○ 黄	黄灯闪 + 快速重复响	电池故障保护被激活
蓝 黄 蓝 黄	黄灯蓝灯闪 + 高 – 高 – 高 – 低响	GPS 数据异常或者 GPS 故障保护被激活

3. PixHawk飞控的飞行模式

（1）Stabilize（自稳模式）

自稳模式是最基本的飞行模式。此模式下，飞控会让无人机保持稳定，是初学者进行一般飞行的首选，也是FPV第一视角飞行的最佳模式。一定要确保遥控器上的开关能很方便无误地拨到该模式，应急时会非常重要。

（2）Acro（比率控制模式）

该模式是非稳定模式，无人机将完全依托遥控器的遥控，新手慎用。

（3）ALT_HOLD（定高模式）

定高模式是使用自动油门，尽量保持目前高度的稳定模式。在定高模式下高度仍然可以通过加大或减小油门控制，但中间会有一个油门死区，油门动作幅度超过这个死区时，无人机才会响应升降动作。

当进入任何带有自动高度控制的模式，目前的油门将被用来作为调整油门保持高度的基准。在进入高度保持前确保悬停在一个稳定的高度。无人机将随着时间补偿不良的数值。只要无人机不会下跌过快，就不会有什么问题。

离开高度保持模式时请务必小心，油门位置将成为新的油门，如果不是在无人机的油门中位悬停位置，将会导致无人机迅速下降或上升。

在这种模式下不能降落及关闭电机，因为使用油门摇杆控制高度，而非电机。需要切换到稳定模式，才可以降落和关闭电机。

（4）Loiter（悬停模式）

悬停模式是GPS定点＋气压定高模式。应该在起飞前先让GPS定点，避免在空中突然定位发生问题。其他方面与定高模式基本相同，只是在水平方向上由GPS进行定位。

（5）Simple Mode（简单模式）

简单模式是一种辅助模式，每个飞行模式的旁边都有一个Simple Mode复选框可以勾选。勾选简单模式后，无人机将解锁起飞前的机头指向恒定作为遥控器前行摇杆的指向，在这种模式下无需担心无人机的姿态，适合新手。

（6）AUTO（自动模式）

在自动模式下，无人机将按照预先设置的任务规划控制它的飞行。由于任务规划依赖GPS的定位信息，所以在解锁起飞前，必须确保GPS已经完成定位。

切换到自动模式有两种情况：

如果使用自动模式从地面起飞，无人机有一个安全机制防止误拨到自动模式时启动发生危险，所以需要先手动解锁并手动推油门起飞。起飞后无人机会参考最近一次ALT_HOLD定高的油门值作为油门基准，当爬升到任务规划的第一个目标高度后，开始执行任务规划飞向目标；如果是空中切换到自动模式，无人机首先会爬升到第一目标的高度然后开始执行任务。

（7）RTL（返航模式）

返航模式需要GPS定位。GPS在每次解锁前的定位点，就是当前的"家"的位置；GPS如果在起飞前没有定位，在空中首次定位的那个点，就会成为"家"。进入返航模式后，无人机会升高到15 m，如果已经高于15 m，就保持当前高度，然后飞回"家"。还可以设置高级参数选择到"家"后是否自主降落，或悬停一定时间之后自动降落。

（8）Circle（绕圈模式）

当切换到绕圈模式时，无人机会以当前位置为圆心绕圈飞行。而且此时机头不受遥控器方向舵的控制，始终指向圆心。如果遥控器给出滚转和俯仰方向上的指令，将会移动圆心。与定高模式相同，可以通过油门来调整无人机高度，但是不能降落。圆的半径可以通过高级参数设置调整。

（9）Guided（指导模式）

使用该模式需要地面站软件和无人机之间通信。连接后，在任务规划器（Mission Planner）软件地图界面上任意位置右击，在弹出的快捷菜单中选择"Fly to here"（飞到这里），软件会提示输入一个高度，然后无人机会飞到指定位置和高度并保持悬停。

（10）FollowMe（跟随模式）

跟随模式基本原理是：通过操作者手中的笔记本电脑带有的GPS模块，将位置信息通过地面站和数传电台随时发给无人机，无人机实际执行的是"飞到这里"的指令，结果是无人机跟随操作者移动。

任务实施

1. 安装减振板和机架

步骤1　安装减振板，如图3-4-4所示。

步骤2　将飞控安装在减振板上，如图3-4-5所示。

步骤3　将安装好飞控的减振板用双面胶固定在机架上，如图3-4-6所示。注意飞控上箭头方向为机头方向。

2. 连接PixHawk飞控

步骤1　连接飞控与接收机，如图3-4-7所示。采用乐迪AT9遥控器以及R9DS接收机，接收机模式调整为SBUS模式，连接时需要注意SBUS模式连接到飞控上的RC口，并注意正负。

步骤2　按照PixHawk飞控的正面接口定义（如图3-4-2所示）连接天线、GPS模块、蜂鸣器、安全开关，如图3-4-8所示。

图 3-4-4　安装减振板　　　　图 3-4-5　将飞控安装在减振板上

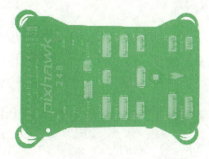

图 3-4-6 将飞控安装在机架上　　　图 3-4-7 连接飞控与接收机

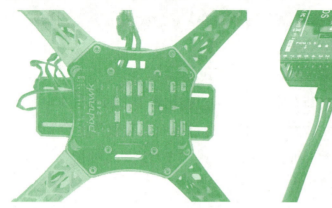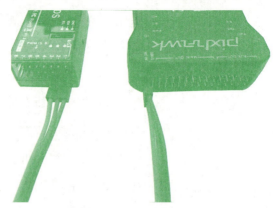

图 3-4-8 PixHawk 飞控
的正面接口连接

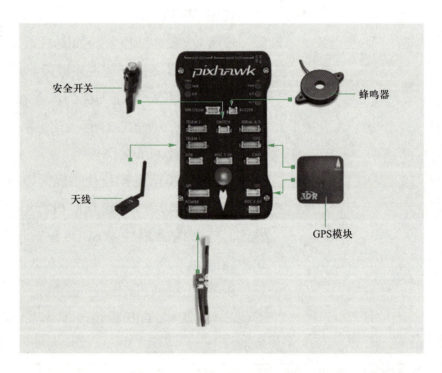

安全开关

蜂鸣器

天线

GPS模块

　　步骤3　连接飞控与电调。将杜邦线按照电机编号顺序
分别插在飞控主输出接口的对应编号插口上，插线时注意信
号线在下。PixHawk 飞控的电机编号如图 3-4-9 所示。

3. PixHawk飞控固件的加载

　　PixHawk 飞控固件的加载分为在线加载和离线加载两种
方式，由于在线加载受网络、下载网站服务器的影响，很难

图 3-4-9 PixHawk 飞控
的电机编号

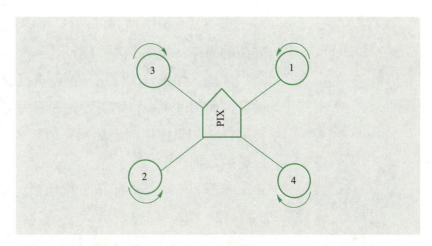

保证一次成功，因此一般采用离线加载方式，即选用专用软件平台，加载事先下载好或编辑好相应的固件，相关步骤如下：

步骤1　打开Mission Planner软件平台，单击初始设置→安装固件，在相关界面选择无人机型号，并选择加载自定义固件，如图3-4-10所示。

图 3-4-10 Mission Planner 软件平台

步骤2 弹出"打开"对话框，在相应目录中选择需要安装的固件，如图3-4-11所示。

注意：如果首次使用飞控可直接刷新所需固件，如果之前已经使用过飞控，则需要先刷新固定翼固件，再刷新多旋翼固件（如果使用固定翼则先刷新多旋翼），这样可以清空以前的数据。

步骤3 单击"打开"按钮后，开始加载固件，如图3-4-12、图3-4-13所示。

4. PixHawk飞控的调参

步骤1 打开Mission Planner软件平台，使用USB接口连接计算机和飞控，打开设备管理器，查看与USB接口对应的COM口，图3-4-14所示对应的是COM3。选择对应的接口，单击"连接"按钮。

图 3-4-11 选择需要安装的固件

图 3-4-12 正在加载固件界面

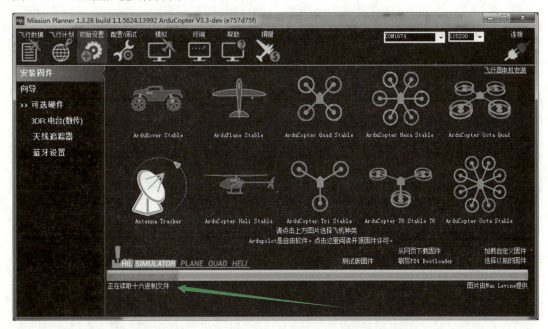

图 3-4-13 完成加载固件界面

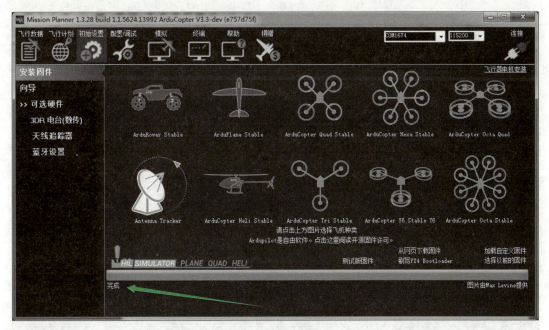

图 3-4-14 查询对应的 COM 接口

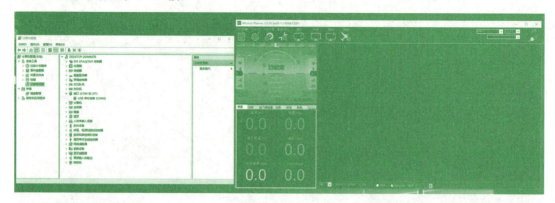

　　步骤2　在Mission Planner软件平台的菜单栏中单击"初始设置"→"向导"，选择对应的机架布局，单击"下一步"按钮，如图3-4-15所示。

　　步骤3　进入"校准你的加速度计"界面，无人机图片中蓝色部分的是机头方向，在飞控上面箭头指向为机头方向。单击"开始"按钮，按照软件提示的方向来摆动无人机，如

图 3-4-15 选择机架布局

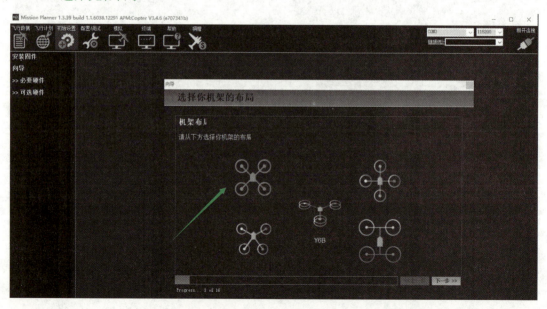

图3-4-16所示。单击"Next"按钮，就可以进入下一步，如图3-4-17所示。加速度校准好后单击"下一步"按钮。

图 3-4-16 校准加速度计 1

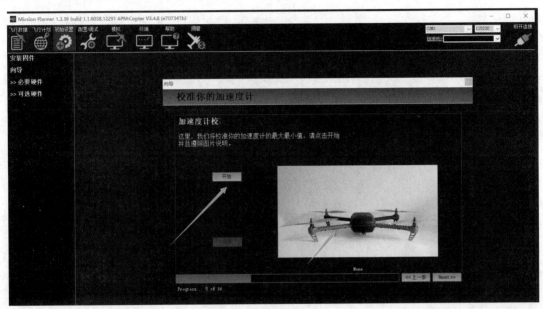

图 3-4-17 校准加速度计 2

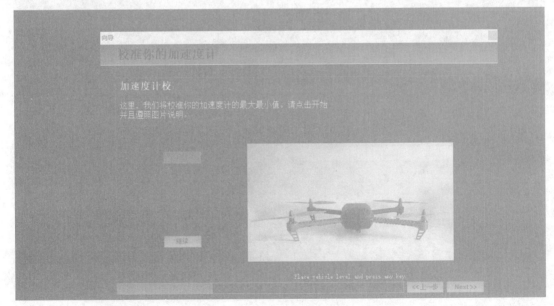

步骤4　进入"校准你的罗盘"界面，单击"现场校准"按钮，如图3-4-18所示。根据文字提示，以白点为瞄准目标，将飞控绕各个轴转动360°，如图3-4-19所示，当所有白点都命中后，调参界面会自动跳转到下一项目。

步骤5　进入"电池监测器"界面，根据无人机型号判断是否有该模块，如果没有该模块可以直接跳过，如果有可以选择相关版本以及型号，如图3-4-20所示（声呐模块的操作方法相似）。

步骤6　进入"遥控器校准"界面，如图3-4-21所示。

（1）遥控器通道配置

遥控器通道配置如下：通道1为Roll（滚转），通道2为Pitch（俯仰），通道3为Throttle（油门），通道4为Yaw（偏航），通道5为辅助通道。

图3-4-18　校准罗盘1

图 3-4-19 校准罗盘 2

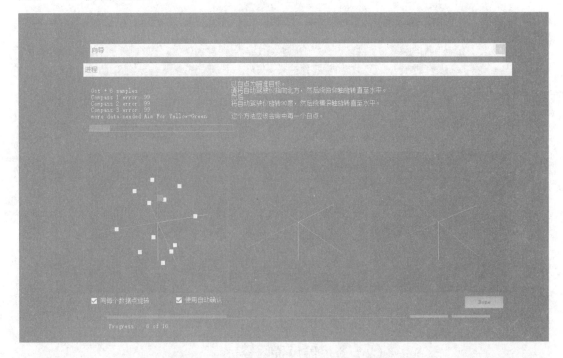

图 3-4-20 选择电池监测器

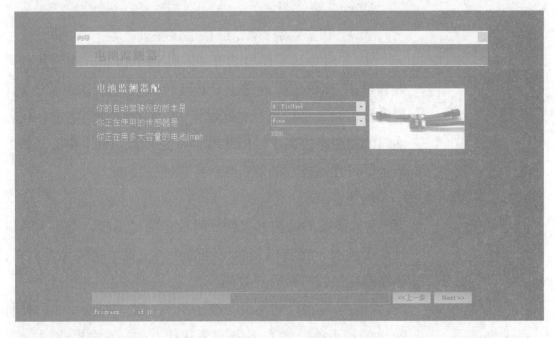

图 3-4-21 "遥控器校准"界面

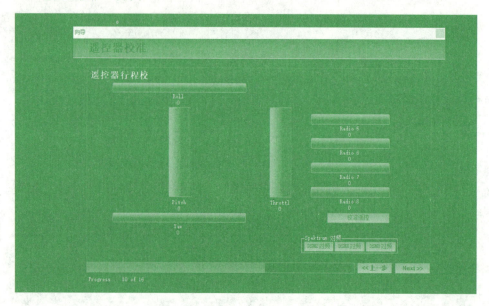

（2）遥控器设置内容过程

① 飞控自检完成后，连接地面站。

② 卸载螺旋桨。

③ 打开遥控器，确认已接上接收机。

④ 来回拨动遥控器的开关，使每个挡位分别到达其最大和最小，MP遥控通道上显示红色线条，让地面站记录其最大行程和最小行程。在此过程中，要保证油门上推，代表油门的绿色条也向上，Roll和Yaw也向上，Pitch相反，如果不是，可在遥控器的舵机相位中修改正反向。

注意：

• 如果摇动遥控器控制杆时校正条没反应，需要重新进行如下检查：接收机是否已经连接到飞控，接线是否有错；遥控器与接收机是否对好码。

• 如果控制杆的通道与校正条不一致（如摇动油门杆时Pitch的校正条变化），应该设置遥控器的左右手模式。

• 校正时一定要注意遥控器控制杆摇动的方向与校正条

的方向是否一致，如果不一致，需要调整遥控器通道的相位，否则就算校正好遥控器，也可能不能解锁，或者无人机起飞就立即倾覆。

● 第五通道（辅助通道）用于切换飞行模式，也需要校正第五通道，但每个遥控器设置第五通道用于飞行模式都有差别。

步骤7　进入"飞行模式"界面，如图3-4-22所示。找到遥控器设置的第五通道，将飞行模式全部设置为Stabilize（增稳模式），其他模式可根据需要进行选择。接下来按照向导进行检验。

注意：务必要先单击保存模式，否则所有设置均会无效。

步骤8　进行电调校准（注意：校准电调前务必拆下螺旋桨），过程如下：

① 开启遥控器，油门推至最高。

② 接通电池，等到飞控板上的红色、蓝色、黄色LED指示灯循环闪烁时，拔掉电池。

图3-4-22　"飞行模式"界面

③ 再插上电池，等到飞控发出一声长"哔"后（过程中油门保持高位不要动），按下安全开关（按下的时间长些，安全开关指示灯会从闪烁变为常亮），听到两声"哔"后，马上把油门拉下到最低，等1 s后会有一声"哔"。推油门电机转动，校准油门成功，拔掉电池，使飞控保存油门行程。

考核评价

根据任务完成情况，填写表3-4-2。

表3-4-2 考核评价表

考核项目	内容	分值	自我评价	组内互评	教师评价
认识 PixHawk 飞控	组成	10			
	指示灯含义	10			
	飞行模式	10			
安装、调试 PixHawk 飞控	安装减振板和机架	10			
	连接飞控	10			
	加载固件	15			
	调参	15			
安全与职业素养	遵守实训室管理规定	10			
	遵循实训室 6S 管理规范	10			
总评					

项目小结

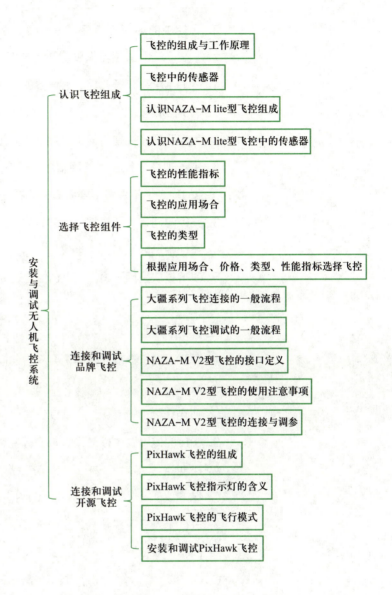

思考与练习

一、填空题

1. 无人机绕着横轴的运动称为 _____ 、绕着纵轴的运动称为 _____ 、绕着立轴的运动称为 _____ 。

2. 飞控中的传感器有 _____ 、_____ 、_____ 、

_____ 、_____ 、_____ 、_____ 。

3. 飞控中的加速度传感器是一种能够测量 _____ 的传感器，

又称为 _____ ，磁罗盘是测量无人机的 _____ 。

4. PixHawk是开源飞控，其调参的流程为 _____ 。

二、判断题

1. 大疆系列飞控是市面上通用型的开源飞控。　　　　　　（　　）

2. 由于现在飞控技术已经很成熟，在选择飞控时首要考虑的是成

本，飞控的稳定性不是必须要考虑的问题。　　　　　　（　　）

3. 飞控的调参需要根据实际的机型和使用场合进行。　　（　　）

4. 飞控中可以不包含陀螺仪。　　　　　　　　　　　　（　　）

5. GPS模块是用于确定无人机位置的传感器，在室内也能正常工作。

（　　）

三、选择题

1. 以下不属于选择飞控时需要考虑的问题是（　　）。

A. 成本　　　　　　　　　　B. 品牌

C. 应用场合　　　　　　　　D. 功耗

2. 飞控的传感器中检测无人机飞行姿态信息的是（　　）。

A. PMU　　　　　　　　　　B. 磁罗盘

C. 陀螺仪　　　　　　　　　D. GPS

3. 进行无人机飞控开发时应该选择哪一款飞控较为理想（　　）。

A. NAZA-M V2　　　　　　　B. 双星子

C. CC3D　　　　　　　　　　D. PixHawk

4. 以下不属于大疆NAZA-M V2飞控特点的是（　　）。

A. 开源飞控，应用场合广

B. 商业飞控，稳定性好

C. 调参界面友好、方便

D. 多旋翼无人机专用飞控

5. 飞控主要的作用不包括（　　）。

A. 获取无人机飞行状态

B. 辅助无人机稳定飞行

C. 辅助无人机导航飞行

D. 为无人机飞行提供能量分配

四、思考题

1. 无人机与航模的区别是什么？

2. 简述无人机GPS模块天线的安装流程。

3. 简述无人机飞控调参的一般流程。

4. 商业飞控和开源飞控的优缺点有哪些？

项目情境

  无人机动力系统为无人机飞行提供动力，是无人机的心脏，在整个无人机系统中非常重要。动力系统的基本原理是将电能转化为机械能，一般由螺旋桨（也称旋翼）、电机、电池（包含充电器）、电子调速器（简称电调）构成，如图4-0-1所示。

  在多旋翼无人机中，螺旋桨直接固定连接电机，其基本工作过程是由电池向电调供电，电调驱动电机带动螺旋桨旋转，螺旋桨产生升力，带动无人机向上飞行，如图4-0-2所示。

图 4-0-1 无人机动力系统的组成

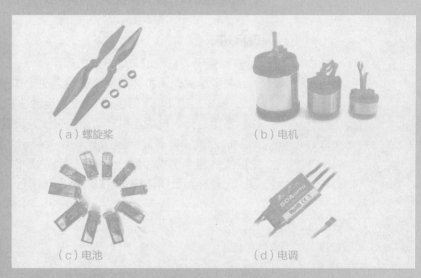

（a）螺旋桨   （b）电机

（c）电池   （d）电调

图 4-0-2 多旋翼无人机动力系统

掌握多旋翼无人机动力系统的基础知识与技能十分必要。本项目从动力系统的认识出发，从组件的角度学习螺旋桨、电机、电调和电池，通过6个任务的学习帮助学习者掌握相关知识与操作技能。

项目目标

1. 了解动力系统的组成部分，掌握动力系统的作用和工作原理。
2. 了解螺旋桨的作用、型号及指标参数，了解组成材料和正确区分正反桨，掌握基本实操。
3. 了解电机的分类和指标参数，能够正确选择电机，掌握安装与调试电机的基本操作。
4. 了解电调的作用和指标参数，能够正确选择电调，掌握安装与调试电调的相关操作。
5. 了解电池在动力系统中的作用和参数，掌握电池的充放电与维护保养。
6. 能够正确操作拉力系统。

项目知识

1. 多旋翼无人机电机转动方向的规律

在多旋翼无人机体系中，三种运动动作分别是前后运动（沿X轴运动）、侧向运动（沿Y轴运动）、垂直运动（沿Z轴运动）。这三种运动动作都是通过无人机的电机转动速度来改变旋翼的升力完成的。以四旋翼无人机为例，其旋翼标号如图4-0-3所示，其中与①号、③号旋翼直线连接的两个电机为同一个转向（同为顺时针或者同为逆时针），与②号、④号旋翼直线连接的电机的转向与①号、③号旋翼相反。

图 4-0-3 四旋翼无人机旋翼标号

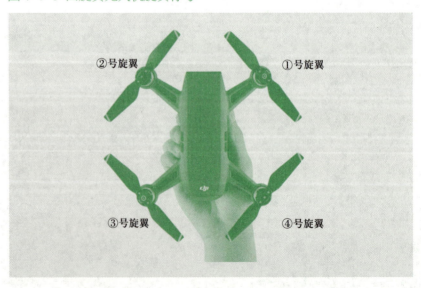

2. 多旋翼无人机动力系统结构及作用

多旋翼无人机升空飞行的首要条件是动力，有了动力才能驱动螺旋桨旋转，才能产生克服重力所需的升力。在动力系统中，电池是整个系统的电力储备部分，负责为系统供电；电调将直流电转换为电机需要的三相交流电（这里的电机为无刷电机），并且可以对电机进行调速控制；电机将电能转化为机械能，驱动螺旋桨使旋翼转动；螺旋桨是产生升力的重要部分，升力推动多旋翼无人机升空飞行。无人机动力系统结构如图4-0-4所示。

图 4-0-4 无人机动力系统结构

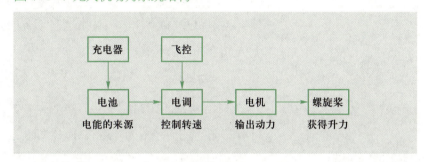

任务一 选择与安装螺旋桨

任务描述

螺旋桨是靠桨叶在空气中旋转将电机转动力转化为推进力或升力的装置，如图4-1-1所示。本任务从认识螺旋桨结构特点和作用入手，学习螺旋桨的参数、选型方法以及拆装方法。

图 4-1-1 常见螺旋桨

任务目标

1. 知道螺旋桨的结构特点和作用。

2. 知道螺旋桨的参数和选型方法。

3. 能分辨正反桨并能安装、拆卸螺旋桨。

知识准备

螺旋桨安装在电机上，靠桨叶在空气中旋转产生推进力或升力。如果电机、电调和螺旋桨匹配较好，可以在获得相同推进力和升力情况下耗用更少的电量，这样就能延长多旋翼无人机的续航时间，因此选择合适的螺旋桨是组装多旋翼无人机的重要环节。

1. 材料

制造螺旋桨的材料包括木材、碳纤维、塑料以及复合材料等，相应的产品为木桨、碳纤维桨、塑料桨。不同材料的螺旋桨功能和价格差异明显。

① 木桨：刚性好，重量轻，经过风干打蜡上漆后不怕受潮，振动极小，价格便宜，适用于载重很大的无人机。但是木桨效率低于同尺寸的碳纤维桨，而且容易损坏。

② 碳纤维桨：刚性较好，重量比木桨更轻，强度更大，因此产生振动和噪声较少，适用于高KV值电机，响应比较迅速，制作成本比较高，当发生坠机时，因为碳纤维桨刚性强，电机将吸收大部分的冲击力，对电机损伤更大。碳纤维桨适用于载重大的无人机。

③ 塑料桨：制造工艺相对简单，产品规格较全，价格便宜，性价比较高，适用于小型多旋翼无人机。塑料桨以APC桨和DJI桨为代表，能够保持续航和效率。

2. 参数和指标

螺旋桨的主要参数有桨径、桨距和桨型。一般来说，螺旋桨尺寸用4位数字表示，前面两位数字表示桨径，后面两位数字表示桨距，都是以in（英寸）为单位。如2210：桨径为 22 in，桨距为 10 in。

① 桨径：影响螺旋桨性能的重要参数之一。一般情况下，桨径增大拉力随之增大，效率随之提高。因此在结构允许的情况下应尽量选择桨径较大的螺旋桨。

② 桨距：桨距又称为螺距，是指桨叶剖面迎角为零时，桨叶旋转一周所前进的距离。桨距反映了桨叶角的大小，更直接地体现螺旋桨的工作特性。

③ 正桨和反桨：相隔的螺旋桨旋转方向是不一样的，为了抵消螺旋桨的自旋，所以需要正桨和反桨。正桨和反桨常见的判别方法有两种：方法一，顶视逆时针旋转的螺旋桨是正桨，顶视顺时针旋转的螺旋桨是反桨；方法二，用桨叶上刻字和迎风面来区分正桨和反桨，桨叶上刻有螺旋桨型号规格字样，螺旋桨横着放，桨叶有字的一面向上，右边桨叶的迎风面在后面的是正桨，右边桨叶的迎风面在前面的是反桨，如图4-1-2所示。安装的时候，无论正桨或反桨，有字的一面是向上的（桨叶圆润的一面要和电机旋转方向一致）。

图4-1-2 区分正桨和反桨

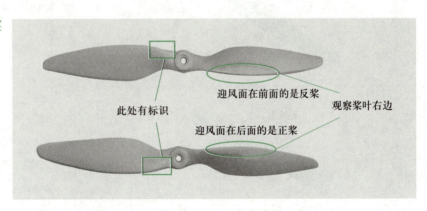

任务实施

1. 判别螺旋桨

根据螺旋桨的外形判别其类型（正桨/反桨）、材料、旋转方向，将结果填写到表4-1-1中。

表 4-1-1 判别螺旋桨类型、材料、旋转方向

序号	图片	正桨 / 反桨	材料	旋转方向
1	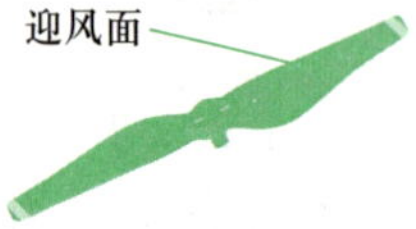 迎风面			
2	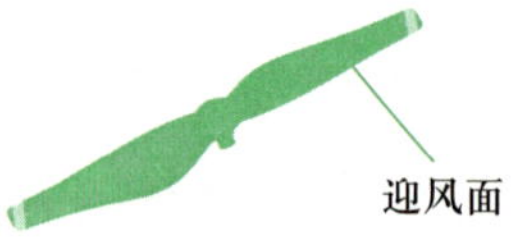 迎风面			
3	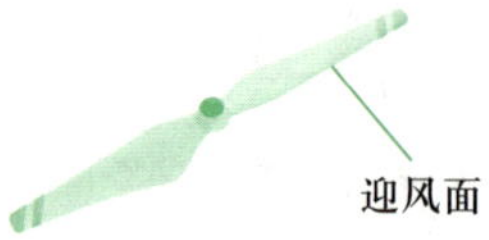 迎风面			
4	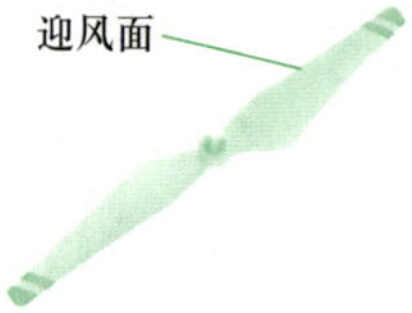 迎风面			
5	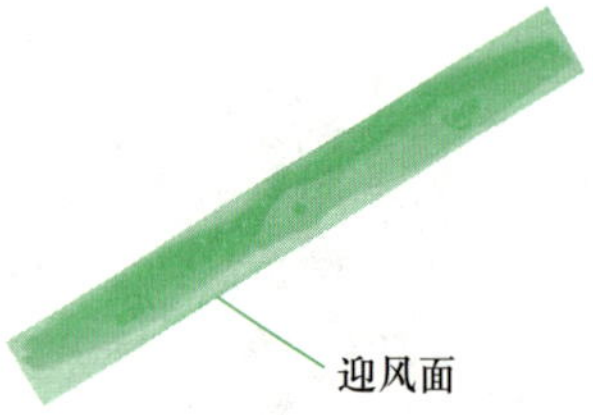 迎风面			
6	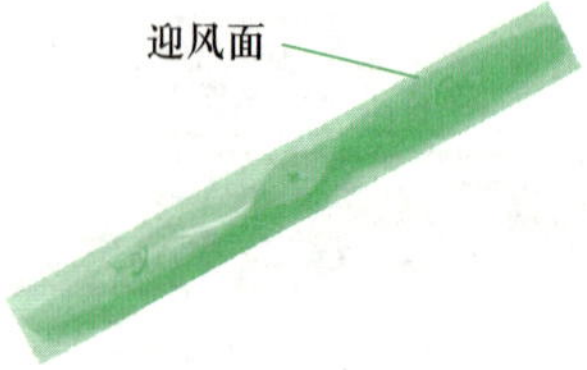 迎风面			

2. 安装螺旋桨

将螺旋桨安装到电机上，安装好后检查其是否安装牢固，如图 4-1-3 所示。

图 4-1-3 安装螺旋桨

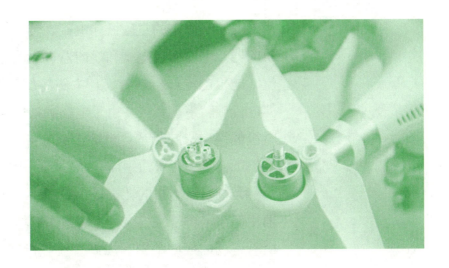

考核评价

根据任务完成情况，填写表4-1-2。

表 4-1-2 考核评价表

考核项目	内容	分值	自我评价	组内互评	教师评价
螺旋桨的材料	木桨、碳纤维桨、塑料桨的特点	10			
螺旋桨的主要参数和指标	桨径和桨距	20			
	正桨和反桨	20			
判别螺旋桨	判别材料、旋转方向	10			
	判别正桨和反桨	10			
安装螺旋桨	正确安装螺旋桨	10			
安全与职业素养	遵守实训室管理规定	10			
	遵循实训室 6S 管理规范	10			
总评					

任务二 选择与安装电机

任务描述

直流电机是目前多旋翼无人机使用最多的电机。电机每转半圈，电流会改变一次方向，按照有无换向电刷可将直流电机分为有刷直流电机和无刷直流电机。有刷直流电机的定子上安装有固定的主磁极和电刷，转子上安装有电枢绕组和换向器。电能通过电刷和换向器进入电枢绕组，产生电枢电流，电枢电流产生的磁场与主磁场相互作用产生电磁转矩，使电机旋转带动负载。由于电刷和换向器的存在，有刷直流电机的换向火花易产生电磁干扰，并且结构复杂，故障多，维护工作量大，寿命短。

无刷直流电机的转子是永磁磁钢，连同外壳一起和输出轴相连，定子是绕组线圈，去掉了有刷直流电机用来交替变换电磁场的换向电刷。无刷直流电机运行声音小，无火花，寿命长。

直流电机作为无人机控制的最终执行部件，对无人机的姿态调节起直接作用。本任务如无特殊说明，电机均指无刷直流电机，在任务中学习电机的构成以及工作原理。

任务目标

1. 认识电机的基本原理。
2. 认识电机的基本参数。
3. 认识电机的组成部分。
4. 理解电机的调速原理。

知识准备

1. 电机的基本结构

电机工作电路原理图如图4-2-1所示。电机的定子是产生旋转磁场的部分，能够支撑转子进行旋转，主要由硅钢片、漆包线、轴承、支撑件构成；而转子是在定子旋转磁场的作用下进行旋转的部件，主要由转轴、磁铁、轴承构成，如图4-2-2所示。定子与转子组成的磁极对数影响电机的转速与扭力。

2. 电机的参数

（1）尺寸

电机尺寸参数一般用4位数字表示，前2位是电机定子

图 4-2-1 电机工作电路原理图

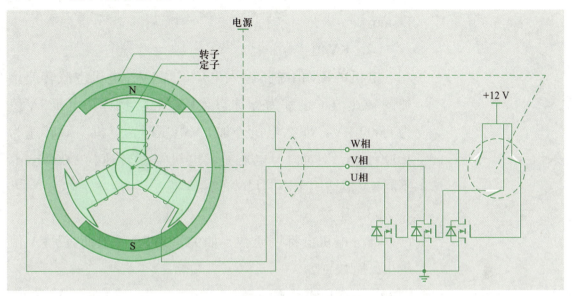

图 4-2-2 电机定子和转
子结构

线圈的直径，后2位是电机定子线圈的高度，单位为mm。电机的尺寸与电机的功率一般成正比，简单地说，电机的尺寸越大，功率越大。例如：电机的尺寸参数为2212，表示电机定子线圈的直径是22 mm，电机定子线圈的高度是12 mm。

（2）KV值

电机的KV值是指输入电压增加1V，电机空载转速增加的转速值（也称为标称空载KV值）。例如：电机KV值为1 000 KV，那么电机外加1 V电压时，电机空载转速为1 000 rpm，外加2 V电压是，电机空载转速为2 000 rpm。不同KV值适用于不同尺寸的螺旋桨。

（3）匝数

部分电机会标明匝数，如9T、13T。一般而言，KV值越小，匝数越少。

（4）标称空载电流和电压

在空载试验时，对电机施加标称空载电压（通常为10 V），定子绕组中通过的电流称为标称空载电流。

（5）最大瞬时电流和最大持续电流

最大瞬时电流是指电机能承受的最大电流瞬时值，最大持续电流是指电机允许持续工作电流的最大值。

3. 电机拉力的检测

电机产生的拉力可以通过拉力计进行检测，通过检测到的数据可以计算出多轴无人机的力效，能够优化无人机飞行。

图4-2-3所示为拉力计，该拉力计的检测范围为5~10 kg（无人机领域一般使用g等质量单位表示力），测量精度为1 g，支持液晶屏幕显示。

（1）拉力计操作方法

① 先将拉力计用固定贴或自攻螺钉固定在结实的桌面。

② 接5~26 V电池，然后打开控制盒开关，归零。

③ 安装合适的电机和螺旋桨，进行正常前拉测试以确定安装是否牢固。

④ 打开开关测量拉力，并记录数据。

图 4-2-3 拉力计

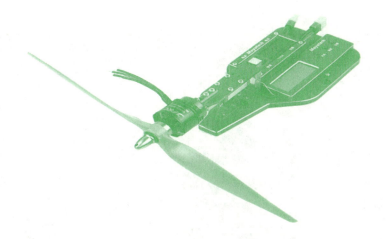

（2）注意事项

拉力测试具有一定危险性，在使用时一定要固定好，且在无人地方测试，无论之前是否使用过拉力计，都要检查螺钉是否有松动或金属件是否损伤，以免造成事故。

任务实施

1. 识读电机的参数

查看不同型号电机的铭牌，识读主要参数，包括尺寸、KV值、螺纹方向等，将识读结果填写到表4-2-1中。

表 4-2-1 不同型号电机的参数

序号	图片	尺寸	KV 值	螺纹方向
1				

序号	图片	尺寸	KV 值	螺纹方向
2	0705 KV15000 MADE INCHINA F© ⚠ CE R©-1			

2. 认识电机组成

拆解典型电机，认识主要的组成部件，包括转子、线圈、转轴、定子等，主要步骤如下：

步骤1　拆卸转轴卡簧片，如图4-2-4所示。

步骤2　分离转子与定子，如图4-2-5所示。

步骤3　识别拆卸下来的部分电机部件，将其名称填写到表4-2-2中。

图 4-2-4 拆卸转轴卡簧片 　　　　　图 4-2-5 分离转子与定子

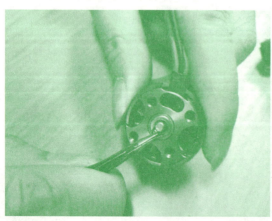

表 4-2-2 识别部分电机部件

外形	名称
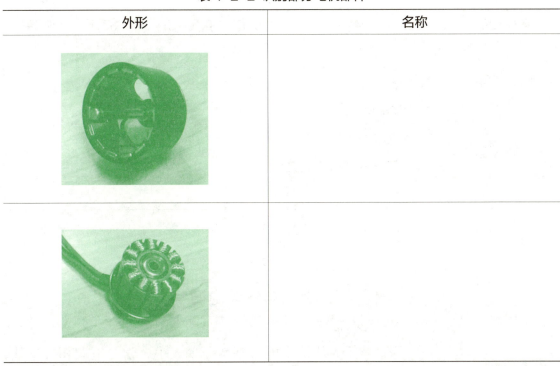	

步骤4 使用拉力计测试电机拉力，判断电机是否能够提供足够拉力给无人机。

考核评价

根据任务完成情况，填写表4-2-3。

表 4-2-3 考核评价表

考核项目	内容	分值	自我评价	组内互评	教师评价
电机的基本结构	认识定子	5			
	认识转子	5			
电机的参数	尺寸	10			
	KV 值	10			
	匝数	10			
	标称空载电流和电压	5			
	最大瞬时电流和最大持续电流	5			

考核项目	内容	分值	自我评价	组内互评	教师评价
识别和检测电机	电机拉力的检测	10			
	识读电机的参数	10			
	认识电机组成	10			
安全与职业素养	遵守实训室管理规定	10			
	遵循实训室 6S 管理规范	10			
总评					

任务三 选择与安装电调

任务描述

本任务从认识电调基本原理入手，学习电调相关参数，掌握电调的选型基本思路，掌握电调的接线类型。

任务目标

1. 认识电调的基本原理与作用。

2. 会进行电调线路的连接。

3. 理解电调的指标参数及相关特性。

知识准备

电子调速器（Electronic Speed Controller，ESC，简称电调）的基本功能是将飞控的控制信号转为电机能识别的驱动信号，控制电机完成规定速度和动作，电调参数与电机参数应该互相匹配。

1. 电调的分类

根据控制电机的不同，电调可分为有刷电调和无刷电调，适用于有刷电机和无刷电机。

（1）有刷电调（如图4-3-1所示）

有刷电调输入端分为电源端和信号端，电源端包括2根线，接到电源正负极；输出端包括2根线，用来控制电机转速，接到电机的2个输入端上。电调通过改变输出电压的大小和方向就可以实现对电机转速和转向的控制。

（2）无刷电调（如图4-3-2所示）

与有刷电调相同，无刷电调的输入端也分为电源端和信号端，功能和接法相似（若无特殊说明，下文中的电调均指无刷电调）。无刷电调的输出端则有3根线，通过不停地改变磁场以控制电机旋转。

无刷电调的功能如下：

① 无刷电调最基本的功能是电机调速（通过飞控的控制信号进行调节）。

② 为遥控接收器上其他通道的舵机供电。

③ 作为换向器使用，因为无刷电机没有电刷进行换向，所以需要利用电调进行电子换向，把直流电转换为三相交流电。

④ 其他辅助功能包括刹车、油门范围、慢速启动等。

图 4-3-1 有刷电调

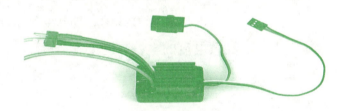

图 4-3-2 无刷电调

2. 电调的接线

图4-3-3所示为电调的接线，其中，电源线与电池连接，信号线与飞控连接，控制信号输出线分别为U、V、W，与电机连接。另外，电源输出（BEC）线可以输出5 V电压。

3. 电调的参数

（1）电流

电调最主要的参数是电流，通常称为安数，以A为单位，如10 A、20 A、30 A。不同电机需要配备不同安数的电调，安数不足会导致电调烧毁。电调主要电流参数包括持续电流和瞬时电流，持续电流表示电调正常工作时的电流，而瞬时电流表示极短时间内电调可以通过的最大电流。选择电调型号时一定要注意两个电流参数的大小是否满足要求，是否留有足够的安全裕度容量（一般为正常值的20%），以避免损坏电调。

（2）内阻

电调具有相应内阻，在使用中应注意其发热问题。有些电调电流可以达到几十安，即使内阻阻值不大，其发热量也可以达到较大数值，所以电调的散热性能也十分重要，一般大电流的电调内阻要比较小。

图 4-3-3 电调的接线

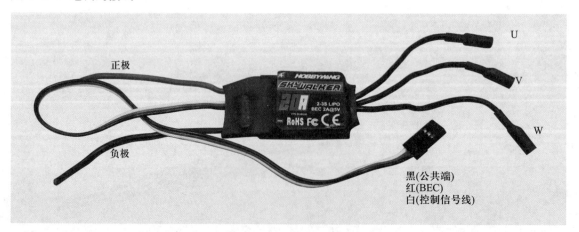

（3）刷新频率

电机的响应速度与电调的刷新频率有很大关系，低速电调的刷新频率为50 Hz。多旋翼无人机与其他类型无人机不同，不使用舵机，而是由电调直接驱动，其响应速度远超舵机。多旋翼无人机电调可支持高达1 MHz的刷新频率，不过刷新频率一般为50～500 Hz。

4. 供电电池数

电调输入的是直流电，可以接稳压电源，或者锂电池。一般需要1～12片锂电池电芯串联供电。在电调铭牌上电池供电片数用"S"表示。例如参数"2-5S"表示该电调需要2～5片锂电池电芯串联供电。

5. 电调的特性

（1）可编程特性

通过内部参数设置，电调可以达到最佳的性能。通常有三种方式可对电调参数进行设置：

① 可以通过编程卡直接设置电调参数。

② 通过USB连接，用软件设置电调参数。

③ 通过接收机，用遥控器摇杆设置电调参数。

设置的参数包括：电池低压断电电压、限定电流、刹车模式、油门控制模式、切换时序、断电模式、启动方式以及PWM模式等。

（2）方波/正弦波驱动

方波驱动的信号是数字信号，控制元件工作在开关状态，具有电路简单、容易控制、发热小等优点。正弦波属于模拟信号，模拟信号控制相当复杂，而且控制元件工作在放大状态，发热量大。但是正弦波驱动在运行平衡性、调速范围以减少噪声和振动等方面要好得多。

任务实施

根据图4-3-4所示电调的铭牌，识读电调的参数，并通

图 4-3-4 电调的铭牌

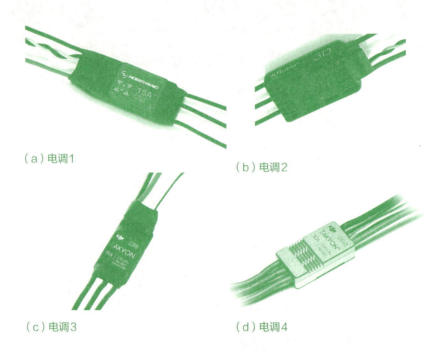

（a）电调1

（b）电调2

（c）电调3

（d）电调4

过相关资料查询电调的相关特性，将结果填写到表4-3-1中。

表 4-3-1 电调的参数

参数	持续电流	电池片数	特性
电调 1			
电调 2			
电调 3			
电调 4			

考核评价

根据任务完成情况，填写表4-3-2。

表 4-3-2 考核评价表

考核项目	内容	分值	自我评价	组内互评	教师评价
电调的分类	有刷电调	5			
	无刷电调	5			
电调的参数和特性	参数	20			
	特性	20			

考核项目	内容	分值	自我评价	组内互评	教师评价
电调的应用	识别电调型号和参数	20			
	电调的接线	10			
安全与职业素养	遵守实训室管理规定	10			
	遵循实训室 6S 管理规范	10			
总评					

任务四 选择与安装电池

任务描述

电池主要用于提供能量。目前，困扰无人机使用的一个重要问题是续航时间不够，其关键就在于电池容量太小。现在可以作为无人机动力源的电池种类很多，常见的有锂聚合物电池（LiPo）和镍氢电池（NiMh），主要由于其优良的性能和便宜的价格。然而，对于多旋翼无人机而言，电池单位重量的能量载荷很大程度上限制了其飞行时间和任务拓展。

锂聚合物电池与传统的锂离子电池相比有相似的特性，如记忆效应低、自放电低、重量轻、容量高、电压高等，适用于需要轻量化的无人机，解决了多年以来电池过重、放电能力不足的问题。下面如无特殊说明，电池均指锂聚合物电池。

任务目标

1. 认识电池基本原理和分类。

2. 根据电池铭牌，识别电池参数。

知识准备

1. 电池的参数

（1）S/P

S表示电池串联（Serial）电池芯的片数，S数越大，电池的电压越大；P表示电池并联（Parallel）电池芯的片数，P数越大，电池的电流越大。例如，3S1P表示3个电池芯串联，如图4-4-1（a）所示；2S2P表示2个电池芯串联组成1组，然后2组再并联在一起，如图4-4-1（b）所示。

电池芯串联后标称电压计算举例：2S表示用2个电池芯串联，单节电池芯标称电压为3.7 V，两节串联后标称电压为2×3.7 V$= 7.4$ V；同理，3S的标称电压为3×3.7 V$= 11.1$ V。电池芯并联后容量相加，但标称电压不变，如对于2P1S电池来说，并联后标称电压不变，依旧是3.7 V。

（2）容量

电池容量的单位是mA·h，表示该电池电量能支持以该电流持续放电1 h。例如：5 000 mA·h的电池表示该电池以5 000 mA的电流可以持续放电1 h。但是，随着放电过程的进行，电池的放电能力在下降，其输出电压会缓慢下降，所以导致其剩余容量与放电时间并非是线性关系。

在无人机飞行过程中，有两种方式可以检测电池的剩余容量是否满足飞行安全的要求。一种方式是检测电池单节电压，另一种方式是实时检测电池输出电流做积分计算。值得注意的是单电池芯充满电电压为4.2 V，放电完毕会降至2.6 V（再低可能过放导致电池损坏），一般无人机在3.6 V时会电量报警。

图 4-4-1 电池芯的串联和并联示意图

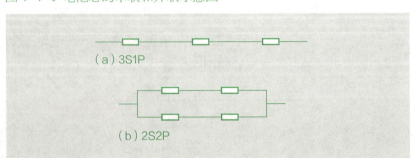

（a）3S1P

（b）2S2P

（3）充放电能力

电池的充放电能力一般用充放电倍率（C）来表示

$$充放电倍率 = 充放电电流 / 容量$$

在放电过程中，如额定容量为100 000 mA·h的电池用20 A放电，其充放电倍率为100 000/（20×1 000）h = 5 h = 1/5 C = 0.2 C，即满容量1 h放电完毕，称为1 C放电，5 h放电完毕，则称为1/5 C = 0.2 C放电。如果额定容量为5 000 mA·h电池的最大充放电倍率为20 C，则其最大放电电流为10 A，由此可以知道此电池可以提供的最大输出电流。锂聚合物电池一般属于高充放电倍率电池，因此可以达到较高的放电电流，可以满足大部分多旋翼无人机的需求。

在充电过程中，充放电倍率C表示充电电流的大小，一般情况下不要为追求快速充电而使用大电流，因为这样很容易缩短电池使用寿命、损坏电池设置，甚至造成电池过热引起火灾和爆炸。应该严格按照产品规定参数充电。

（4）电压

电压是指电池正负极之间的输出电压，单位为V。标称电压（额定电压）：单片电池的标称电压为3.7 V。满电电压：如果单片电池的标称电压为4.2 V，充电截止时的满电电压一般为4.25 V。保存电压：长期不使用，要进行电池保存，单片电池的保存电压为3.8~3.9 V，一般取3.85 V。放电终止电压：一般为2.5~2.75 V，不能低于2.6 V。

（5）内阻

内阻主要由电极材料、电解液、隔膜电阻及各部分零件的接触电阻组成，与电池的尺寸、结构、装配等有关。电池的内阻不是常数，在充放电过程中随时间不断变化，但不是线性关系，常随电流密度的对数增大而线性增加。电池的内阻很小，一般单位为mΩ。正常情况下，内阻小的电池放电能力强，内阻大的电池放电能力弱。

2. 电池的结构

（1）电池芯

电池芯是电池的核心（简称电芯），图4-4-2（a）所示为普通动力电池套装，图4-4-2（b）所示的板状元件就是其中的电池芯。

（2）转接板与平衡线

组装电池芯时需要将各电池芯焊接在转接板上，从转接板上引出电源线和平衡线。电源线主要用于放电；平衡线用于检测各电池芯电压，在充电过程中用于平衡电压，与相应的充电器配合即所谓的平衡充电。平衡线的条数与电池芯的串联片数有关，平衡线的条数一般比电池芯串联片数多1，即平衡线条数=S+1，因此平衡线的条数是判断电池S数的一个依据，如图4-4-3所示。

图4-4-2 普通动力电池套装和电池芯

（a）普通动力电池套装　　　　　　　（b）电池芯

图4-4-3 电池的平衡线

（3）接口

电池接口有很多种类型，如T接口、XT30接口、XT60接口、XT90接口等。常见的小容量电池接口分为两种：XT60接口和T接口，如图4-4-4所示。XT60接口的额定容量一般为60 A，可承受电流较大。

3. 智能电池

目前，无人机领域还经常使用智能电池，如图4-4-5所示。智能电池包括普通电池套件，另外还整合了管理板（又称保护板）、外壳等硬件，软件部分的核心是BMS程序，起到过充保护、过放保护、温度保护、开关控制、通信、LED显示等作用。

图 4-4-4 电池接口

（a）XT60接口　　　　　　　　　（b）T接口

（c）XT30接口　　　　　　　　　（d）XT90接口

图 4-4-5 智能电池

任务实施

根据图4-4-6所示的电池铭牌查询相关资料，识读相关参数，将结果填写到表4-4-1中。

图 4-4-6 常见电池

（a）格氏电池（平衡线条数为4）

（b）狮子电池（平衡线条数为4）

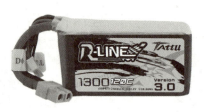

（c）格氏电池（平衡线条数为5）

（d）达普电池（平衡线条数为4）

表 4-4-1 电 池 参 数

电池	参数	内容 / 数值
电池 a（示例）	电池品牌	格氏
	容量	4 000 mA·h
	S 数 / 标称电压	3 S/11.1 V
	放电倍率 / 放电电流	25 C/100 A
电池 b	电池品牌	
	容量	
	S 数 / 标称电压	
	放电倍率 / 放电电流	
电池 c	电池品牌	
	容量	
	S 数 / 标称电压	
	放电倍率 / 放电电流	

电池	参数	内容 / 数值
电池 d	电池品牌	
	容量	
	S 数 / 标称电压	
	放电倍率 / 放电电流	

考核评价

根据任务完成情况，填写表4-4-2。

表 4-4-2 考核评价表

考核项目	内容	分值	自我评价	组内互评	教师评价
电池的参数	S/P	10			
	容量	10			
	充放电能力	10			
	电压	5			
	内阻	5			
电池的结构	电池芯	10			
	转接板与平衡线	10			
	接口	10			
识别电池	识别电池的参数	10			
安全与职业素养	遵守实训室管理规定	10			
	遵循实训室 6S 管理规范	10			
	总评				

任务五 电池的充放电与维护保养

任务描述

电池的充放电与维护保养是多旋翼无人机日常使用的重要组成部分，正确地对电池进行充放电与维护保养，是保证无人机能够正常作业的必要能力。同时，懂得电池充放电操作过程的安全规范和应急处理措施，对于保护操作人员免于意外伤害也很重要。本任务从电池充放电基础知识入手，理论与实操相结合，详细地解析电池充放电和维护保养。

任务目标

1. 了解电池充电过程与放电过程。

2. 了解电池充放电的注意事项。

3. 掌握电池的充电方法。

4. 了解如何对电池进行维护保养。

知识准备

1. 电池放电

（1）放电注意事项

对锂聚合物电池来说，放电时需要注意几点：

① 放电电流不能过大，过大的放电电流会导致电池内部发热，有可能造成永久性损害。

② 绝对不能过放电。电池内部存储电能是靠一种可逆的电化学变化实现的，过度放电会导致这种电化学变化有不可逆的反应发生，一旦放电电压低于2.7 V，可能导致电池报废。

（2）放电终止电压

锂聚合物电池的额定电压为3.7 V，放电终止电压为2.5~2.75 V（电池厂会标注工作电压范围或放电终止电压，各参数略有不同）。电池的放电终止电压不应小于2.5 V，低于放电终止电压后继续放电称为过放，过放会使电池寿命缩短，严重时会导致电池失效，有些电池过放会使内部产生气体，不可复原。电池不用时，应将电池充电到20%的电容量，再进行防潮包装保存，3~6个月检测1次电池电压，并进行充电，保证电池电压在安全电压值范围内。

（3）放电温度

电池应在-20~+60 ℃温度范围内进行放电（工作），

锂聚合物电池在高倍率放电和低温情况下性能不佳,因此无人机在低温环境中飞行,在飞行前,需要给电池做好保温。

2. 电池充电

一般电池充电电流设定在0.2C～1C之间,最大不能超过5C,电流越大,充电越快,但电池发热也越大,另外,使用过大的电流充电,可能造成电量无法充满,这是因为电池内部的电化学反应需要时间。

锂聚合物电池充电一般分为两个阶段:先恒流充电,接近终止电压时改为恒压充电。由于制造工艺等原因,型号相同的每块电池芯之间也存在微小差异,不可能完全一致,因此每块电池芯的充电放电特性都有差异,在电池芯串联的情况下,容易造成过度充电、充电不饱满等问题,解决这些问题的办法是对内部单节电池芯分别充电,称为平衡充电。锂聚合物电池产品一般有2组线,1组是输出线(2根),另外1组是单节电池芯引出线(根数与S数有关),充电时应该按产品说明书,将所有接线插入充电器的相应接口内。

锂聚合物电池充电需要专用的充电器,根据充电原理的不同主要分为串行式平衡充电器和并行式平衡充电器。并行式平衡充电器使被充电的电池块内部每节串联的电池芯都配备一个单独的充电回路,互不干扰,每节电池芯都受到单独保护,并且每节电池芯都按规范在充满后自动停止充电,但是并行式平衡充电器的成本较高。目前,在普通领域使用比较多的是串行式平衡充电器。

3. 常见串行式平衡充电器

(1) B3充电器

B3充电器结构较为简单(如图4-5-1所示),支持2S和3S锂聚合物电池充电,操作方便,即插即用。B3充电器用LED指示灯来显示充电情况,当LED指示灯变绿则表示已经充电完成。

（2）B6智能充电器

B6智能充电器（如图4-5-2所示）的输出功率为50~60 W，可对Li-Ion-Po-Fe、Nicd/NiMH、Pb等多种类型的电池充电，主要用于机载设备、遥控器中小容量电池的充电。

（3）PL8智能充电器

PL8智能充电器（如图4-5-3所示）的输出功率为134 W，可以对Li-Ion-Po-Fe、Nicd/NiMH、Pb等多种类型电池充电，主要用于动力电池充电，以及外场快速充电。

（4）A6/A9平衡充电器

A6/A9平衡充电器是应用较为广泛的充电器（如图4-5-4所示），一般配合开关电源使用，输出功率可以达到300 W，支持对Li-Ion-Po-Fe、Nicd/NiMH、Pb等多种类型电池充

图 4-5-1 B3 充电器

图 4-5-2 B6 智能充电器

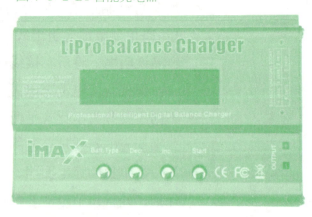

图 4-5-3 PL8 智能充电器

图 4-5-4 A6/A9 平衡充电器

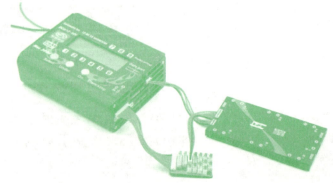

电，具有6通道同时输出，一般用于各类无人机电池的充电。

（5）Q200平衡充电器

Q200平衡充电器（如图4-5-5所示）是一款支持1 S~6 S电池、4通道输出的充电器。Q200平衡充电器配备了计算机控制软件和手机APP，通过蓝牙连接可以直接对充电器进行充电操作和情况监测。Q200平衡充电器支持对Li-Ion-Po-Fe、Nicd/NiMH、Pb等多种类型电池充电。

Q200平衡充电器的主要按键和接口如图4-5-6所示。

图 4-5-5 Q200 平衡充电器

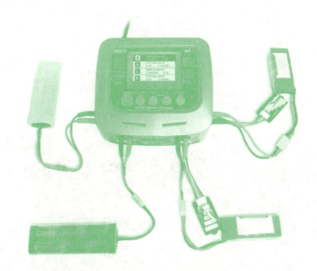

图 4-5-6 Q200 平衡充电器的主要按键和接口

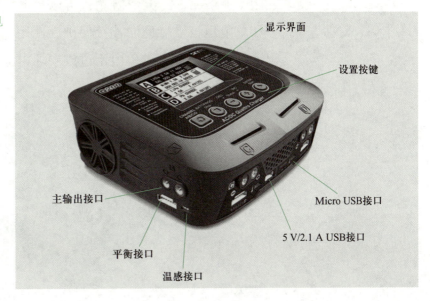

显示界面

设置按键

主输出接口

Micro USB接口

5 V/2.1 A USB接口

平衡接口

温感接口

● 显示界面：采用彩色LCD显示屏，显示每一路输出的设置、电压、电流、电池内阻和充放电完成程度信息。

● 设置按键：包括通道选择按键、模式设置/停止按键、上一项/增加按键、下一项/减小按键、确认/开始按键，可以对充电的各项参数进行设置。

● Micro USB接口：用来连接计算机，通过专用软件可以对充电器进行固件升级、充放电参数设置、电池状态监测等操作。

● 5 V/2.1 A USB接口：对外输出5 V供电电压。

● 温感接口：连接温度传感器，监测充电器和电池的温度，每一路输出都提供一个温感接口。

● 平衡接口：用来连接平衡线，通过平衡线监测和平衡每一片电池芯的电压，每一路输出都提供一个平衡接口。

● 主输出接口：充电电流的主要通道，通过硅胶线和专用的电池接口与电池的正负极相接，给电池充电，共有4路独立的主输出。

4. 电池低压报警器

电池低压报警器也称为电压显示器如图4-5-7所示，用于1 S~8 S的电池检测，可以自动检测每个电池芯的电压和总电压，支持反向连接保护，使用户可以随时随地了解电池的工作状态，避免由于过放损坏电池。

图4-5-7 电池低压报警器

当电压低于设定值时，蜂鸣器会响起，红色LED指示灯会闪烁。出厂默认设定值为3.3 V，通过按键可以改变电压设定值并自动保存。

任务实施

下面以Q200平衡充电器为例学习对锂聚合物电池进行充电，相关步骤如下：

步骤1　将Q200平衡充电器的通道A连接电源接口和平衡监测接口，如图4-5-8所示。

步骤2　连接待充电池与电源接口，如图4-5-9所示。

步骤3　连接平衡监测接口，如图4-5-10所示。

步骤4　打开电源开关（红色），按ENTER按键，检查通道A是否为LiPo电池。如果是直接进入下一步，如果不是，按相应按键调整。

步骤5　将充电电流和电池电压（电池级联）参数调整为4A、4S，主要使用ENTER键、+键、-键，如图4-5-11所示。

图 4-5-8 连接电源接口和平衡监测接口　　　图 4-5-9 连接待充电池与电源接口

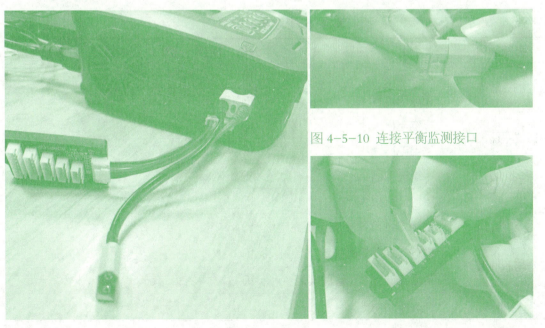

图 4-5-10 连接平衡监测接口

步骤6　设置好所有参数后，长按ENTER按键，开始充电，如图4-5-12所示。

步骤7　按相应的按键可以切换两种充电模式：平衡充电、快速充电，如图4-5-13所示。

图 4-5-11 调整充电电流和电池电压　　　图 4-5-12 开始充电　　　图 4-5-13 切换充电模式

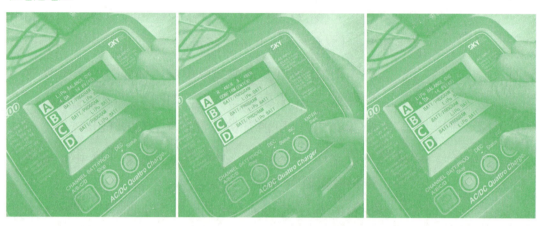

考核评价

根据任务完成情况，填写表4-5-1。

表 4-5-1 考核评价表

考核项目	内容	分值	自我评价	组内互评	教师评价
电池的充放电	注意事项	10			
	充放电过程	10			
串行式平衡充电器	标准电压大小	10			
	满电电压大小	10			
电池充放电和检测	平衡充电器	20			
	电池低压报警器	10			
电池充电实操	使用 Q200 平衡充电器充电	10			
安全与职业素养	遵守实训室管理规定	10			
	遵循实训室 6S 管理规范	10			
	总评				

任务六 配置多旋翼无人机动力系统

任务描述

以F450多旋翼无人机为例配置动力系统。

任务目标

1. 熟悉多旋翼无人机动力系统的组成。

2. 能够正确对螺旋桨、电机、电调进行选型。

知识准备

多旋翼无人机可以采用多个电机与螺旋桨的组合提供动力，一般根据多旋翼无人机的轴距和重量进行组合，并选择合适的电池组。F450多旋翼无人机（如图4-6-1所示）的参数如下：

① 机身重量：约为280 g。

② 对称电机轴距：450 mm。

③ 起飞重量：800~1 600 g。

④ 推荐电池：3 S~4 S锂聚合物电池。

1. 螺旋桨的选择方法

螺旋桨的选择与无人机的轴距、重量以及应用场合等特殊要求有关，F450多旋翼无人机作为入门级训练无人机，对螺旋桨的材料没有特殊要求。根据F450多旋翼无人机的轴距为450 mm可以选择对应的螺旋桨尺寸，一般选择9445、9450等9 in桨。由于训练无人机的特殊性，容易炸机损坏螺旋桨，一般选择容易拆卸的自锁桨，如图4-6-2所示。

为了用转速来弥补升力不足，大螺旋桨就需要采用低KV值电机，小螺旋桨就需要采用高KV值电机。如果高KV值电机带大的桨，力量不够，电机和电调很容易烧毁。如果低KV值电机带小的桨，一般没什么问题，但升力不够，可能造成无法起飞。不同的电机需要搭配不同的螺旋桨，见表4-6-1。

图 4-6-1 F450 多旋翼无人机　　　　　　图 4-6-2 9450 自锁桨

表 4-6-1 螺旋桨与电机的搭配

电机 KV 值	螺旋桨
800~1 000	1 110 桨
1 000~1 200	9~10 in 桨
1 200~1 800	8~9 in 桨
1 800~2 200	7~8 in 桨
2 200~2 600	6~7 in 桨（注意桨强度，当心射桨）
2 600~2 800	5~6 in 桨（注意桨强度，当心射桨）
2 800 以上	建议使用 9050 桨（注意桨强度，当心射桨）

2. 电机、电调的选择方法

要根据无人机的起飞重量、螺旋桨以及应用场合等选择电机的尺寸、功率和 KV 值。F450 多旋翼无人机的机身重量为 280~300 g，搭载电池后起飞重量一般为 800~1 600 g。在估算无人机动力时至少有 30% 的动力冗余，因此电机的总拉力要大于 2 000 g，每个电机的拉力要大于 500 g。电机与螺旋桨的搭配要符合相应的搭配原则。F450 多旋翼无人机可以选择尺寸型号为 2212，KV 值在 800~1 000 之间的电机，如图 4-6-3 所示。

在选择电调时，要注意电调和电机的匹配问题，原则上电调的电流要和电机的峰值电流相同，最好大一点（但不能过大）。电调的选择与电机功率、起飞重量以及使用场合息息相关。F450多旋翼无人机的起飞重量和电机的功率决定了电调的功率。在无特殊的应用场合要求时，电调的功率、额定电流、所支持的电池芯片数是选择电调首要考虑的问题。F450多旋翼无人机选择额定电流在20 A以上，支持2 S~4 S电池的电调就能满足动力需要。图4-6-4所示为30 A电调。

图 4-6-3 2212 电机

图 4-6-4 30 A 电调

3. 电池的选择方法

电池是无人机的能量来源，电池的选择是无人机的起飞重量、升力以及续航时间相匹配的结果。根据F450多旋翼无人机的轴距、机身重量和电机等相匹配的要求，可以选择3 S~4 S、2 200~5 200 mA·h的电池作为F450多旋翼无人机的动力电池，见表4-6-2。

表4-6-2 F450多旋翼无人机常见的电池搭配

电池 S 数	放电 C 数	容量
3 S	25 C	4 200 mA·h、5 200 mA·h
4 S	25 C	2 200 mA·h、3 300 mA·h

任务实施

1. 选择螺旋桨

根据F450多旋翼无人机的轴距和起飞重量选择合适的

螺旋桨，F450多旋翼无人机的轴距为450 mm，所选螺旋桨的尺寸应该不大于10 in，而起飞重量在800 g以上，选择9 in以上的桨更为合适。在表4-6-3中选择。

表4-6-3 选择螺旋桨

螺旋桨的材料	□ 塑料桨 □ 碳纤维桨 □ 木桨			
螺旋桨的叶数	□ 两叶桨 □ 三叶桨 □ 四叶桨			
螺旋桨的尺寸型号	□ 5445	□ 9445	□ 2218	□ 3508	□ 4114

2. 选择电机

根据知识准备的相关内容，可知电机的KV值应为800 KV～1 000 KV，尺寸型号要不低于2212。在表4-6-4中选择。

表4-6-4 选 择 电 机

电机的类型	□ 有刷电机 □ 无刷电机			
电机的尺寸型号	□ 2205	□ 2212	□ 2218	□ 3508	□ 4114
电机的KV值	□ 380 KV	□ 800 KV/980 KV	□ 2 300 KV	

3. 选择电调

电调的选择要与电机相配合，一般而言，电调的额定电流要与电机的峰值电流相一致，不能过大。因此电调的持续电流应选择为20～30 A。电池的片数在2 S～4 S之间。在表4-6-5中选择。

表4-6-5 选择电调的指标

电调的类型	□ 有刷电调 □ 无刷电调			
电调的持续电流	□ 10 A	□ 20 A	□ 30 A	□ 40 A	□ 60 A
电池的片数	□ 2 S～3 S	□ 2 S～4 S	□ 2 S～6 S	□ 4 S～12 S

4. 选择电池

认识图4-6-5所示电池并收集相关参数，根据无人机尺寸、起飞重量和续航时间选择电池，将结果填写到表4-6-6中。

图4-6-5 电池

（a）普通锂电池　　　　　　　　（b）智能电池

表4-6-6 选 择 电 池

电池片数	□ 2 S　　□ 3 S　　□ 4 S　　□ 6 S
电池容量	□ 1 300 mA·h　□ 1 500 mA·h　□ 2 200 mA·h　□ 4 200 mA·h □ 5 300 mA·h
充放电倍率	□ 15 C　□ 20 C　□ 25 C　□ 35 C　□ 55 C

考核评价

根据任务完成情况，填写表4-6-7。

表4-6-7 考核评价表

考核项目	内容	分值	自我评价	组内互评	教师评价
选择螺旋桨	方法	10			
	实操	10			
选择电机、电调	方法	20			
	实操	20			
选择电池	方法	10			
	实操	10			
安全与职业素养	遵守实训室管理规定	10			
	遵循实训室 6S 管理规范	10			
	总评				

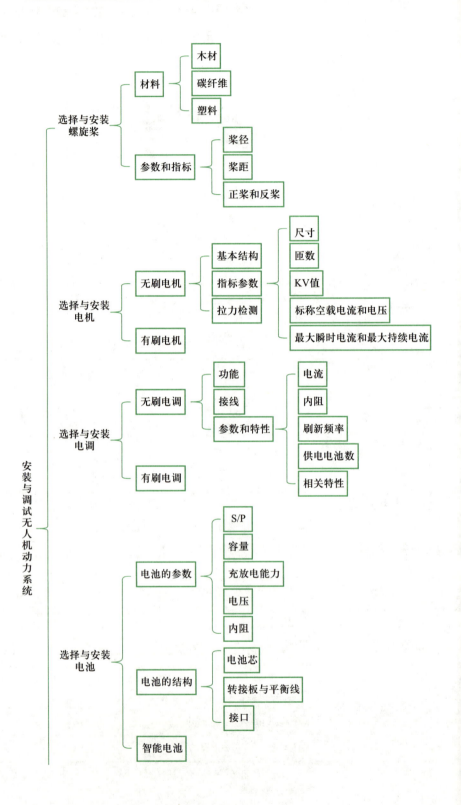

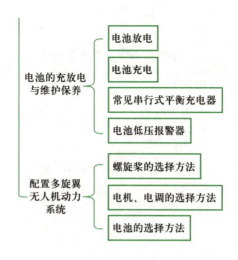

电池的充放电与维护保养
- 电池放电
- 电池充电
- 常见串行式平衡充电器
- 电池低压报警器

配置多旋翼无人机动力系统
- 螺旋桨的选择方法
- 电机、电调的选择方法
- 电池的选择方法

✖ 思考与练习

一、填空题

1. 无人机动力系统一般由 _____ 、_____ 、_____ 、_____ 组成。

2. 按照材料螺旋桨可分为 _____ 、_____ 和 _____ 。

3. 电机一般是由 _____ 和 _____ 两部分组成，电调的作用是_____ 。

二、判断题

1. 用得最多的螺旋桨是塑料桨，一般不分正桨和反桨。 （　　）

2. 无刷电机需要靠无刷电调进行电子换向，无刷电调就充当换向器，所以无刷电调适用于所有电机。 （　　）

3. 电池充满电可以久放，不会影响本身的质量。 （　　）

4. 当无刷电机顺时针旋转，如果想要无刷电机变为逆时针旋转，可以把连接电调的任意两根线调换。 （　　）

5. 电调能够给飞控供电。 （　　）

三、选择题

1. 以下不属于选择电机需要考虑的问题的是（　　）。

A. 尺寸　　　　　　　　　　B. 品牌

C. 重量　　　　　　　　　　D. KV值

2. 以下不属于电调选择需要考虑的问题的是（　　）。

A. 持续电流　　　　　　　　B. 可编程性

C. 供电节数　　　　　　　　D. KV值

四、思考题

1. 简述螺旋桨的工作原理以及与电机的对应关系。

2. 简述螺旋桨的主要指标以及选型方法。

3. 简述电机的主要指标以及选型方法。

4. 简述电池的S数、C数、容量的意义。

项目情境

　　无人机通信链路主要指用于无人机系统传输控制、无载荷通信、载荷通信三部分通信的无线电链路。地面控制站与无人机之间进行的实时信息交换需要通过通信链路系统来实现。地面站需要将指挥、控制以及任务指令及时传输到无人机上；同样，无人机也需要将自身状态（速度、高度、位置、设备状态等）以及相关任务数据发回地面站。无人机通信链路也称为数据链，其系统拓扑如图5-0-1所示。

图 5-0-1 无人机通信链路系统拓扑

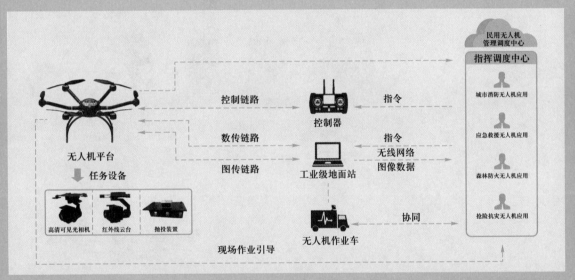

项目目标

1. 认识无人机通信链路的构成。
2. 认识RC遥控器上行链路。
3. 认识数传链路。
4. 认识图传链路。
5. 认识链路天线类型。

项目知识

1. 链路

　　链路是指从一个结点到相邻结点的一段物理线路，中间没有任何其他的交换结点，是由两端结点以及结点之间的通信线路组成的。

2. 无人机通信链路

通信链路是无人机的重要组成部分，它在无人机进行数据传送过程中有着非常重要的意义。图5-0-2所示为F100无人机部分通信链路示意图。

无人机通信链路按照传输方向可以分为：上行链路和下行链路，如图5-0-3所示。上行链路主要完成发送和接收地面站到无人机的遥控

图 5-0-2 F100 无人机部分通信链路示意图

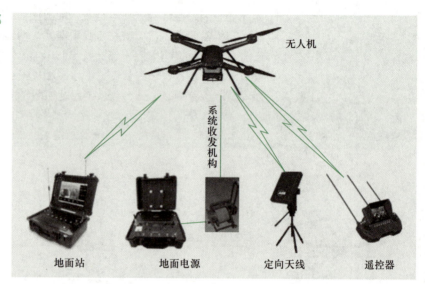

无人机

系统收发机构

地面站　　　　地面电源　　　　定向天线　　　　遥控器

图 5-0-3 上行链路与下行链路通信图

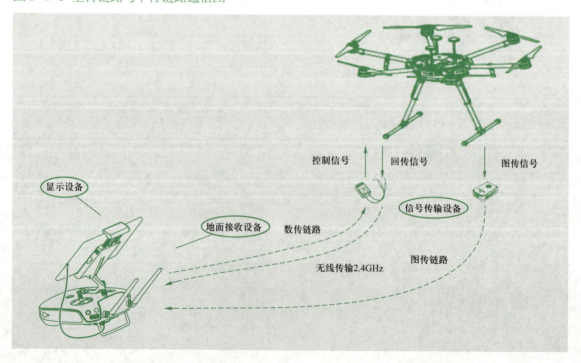

控制信号　　回传信号　　图传信号

显示设备

地面接收设备　　数传链路　　信号传输设备

无线传输2.4GHz　　图传链路

指令，下行链路主要完成发送和接收无人机到地面站的遥测数据以及红外或电视图像，并可根据定位信息的传输利用上下行链路进行测距，通信链路性能直接影响无人机的性能。

良好的无人机通信链路具有以下几个特征：具有跳频扩频功能；具备存储转发功能；具有数据加密功能；速率高，功耗低。

3. 典型多旋翼无人机通信链路系统

典型多旋翼无人机通信链路系统主要包括机载链路系统和地面链路系统，如图5-0-4所示。机载链路顾名思义就是搭载在无人机上的通信链路设备，属于天空端；地面链路则是在地面的通信链路设备，它们相辅相成，相互配合使用。

（1）机载链路设备

机载链路设备是指无人机上进行通信联络的电子设备，主要由遥控接收机、机载数传模块、机载图传模块以及相应的天线等组成。机载链路设备的作用主要是与地面端交换数据，实现接收无人机控制命令以及回传无人机获取的信息。

机载电台一般由发信机、收信机、天线、控制盒和电源等组成。发信机和收信机是电台的主体，一般安装在无人机电子舱或靠近天线处，通过电缆与控制盒连接。视距内通信的无人机多数安装有全向天线，需要进行超视距通信的无人机一般采用自跟踪抛物面卫星天线。机载视距内全向天线如图5-0-5所示。

图 5-0-4 典型多旋翼无人机通信链路系统

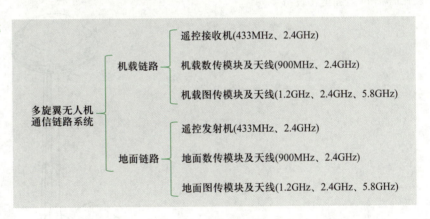

图 5-0-5 机载视距内全向天线

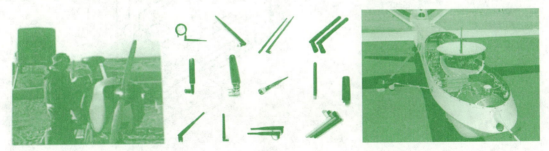

（2）地面链路设备

地面链路设备一般会被集成到控制站系统中，也称为地面电台，部分会有独立的显示控制界面，如图5-0-6所示。视距内通信链路地面天线一般采用鞭状天线、八木天线和自跟踪抛物面天线，需要进行超视距通信的控制站还会采用固定卫星通信天线。

4. RC遥控链路

RC（Radio Control，无线电控制）遥控链路主要用于视距范围内地面人员对无人机的手控操纵，是目前大多数消费级多旋翼无人机必备的通信链路系统，本书学习的通信链路如无特殊说明都是指RC遥控链路，如图5-0-7所示。

RC遥控链路系统一般很简单，包括2或3条链路：

（1）上传链路

上传链路是由遥控器和无人机上的遥控接收机构成的单向链路，遥控器发出指令，无人机接收指令，用于视距内控制无人机。

（2）数传链路

数传链路是由笔记本电脑和无人机构成的双向链路，如图5-0-8所示。由笔记本电脑发出修改航点等指令，无人机接收；由无人机发送位置、电压等信息，笔记本电脑接收，用于视距外控制无人机。

图 5-0-6 地面链路设备

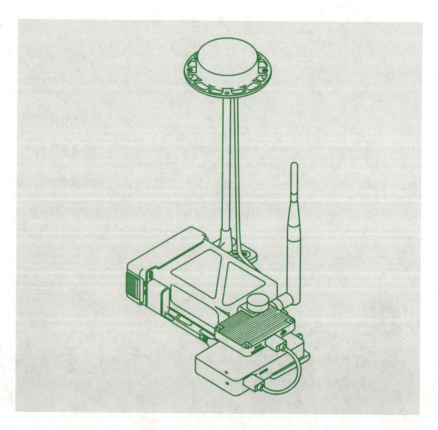

图 5-0-7 RC 遥控链路

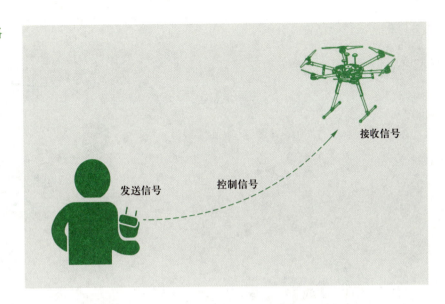

图 5-0-8 数传链路

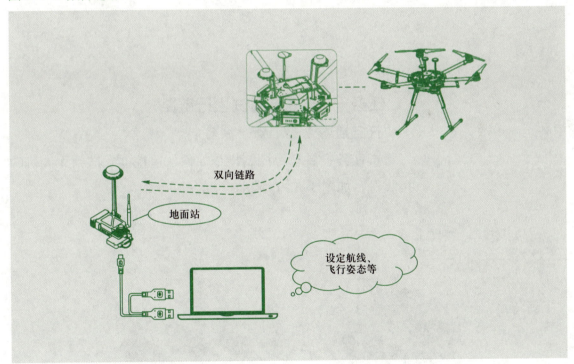

（3）图传链路

除了以上两条链路，航拍类多旋翼无人机一般还有图传链路，它由无人机上的发射模块和地面上的接收模块构成，是下传的单向链路，如图5-0-9所示。

图 5-0-9 图传链路

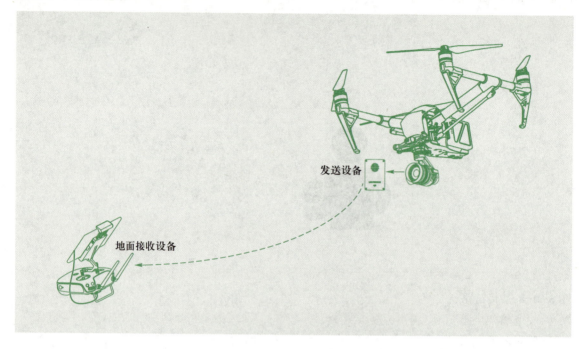

任务一 连接与调试上行链路

任务描述

本任务主要学习控制指令如何从遥控器发送到无人机的接收机，如图 5-1-1 所示。

图 5-1-1 遥控器与接收机

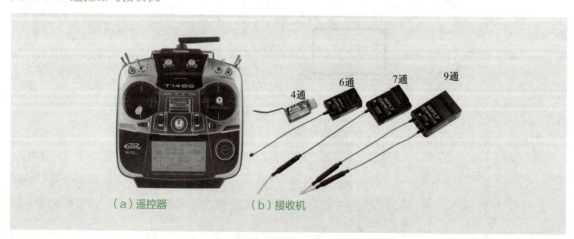

（a）遥控器　　（b）接收机

任务目标

1. 了解上行链路的组成部分。

2. 学会连接遥控上行链路，并实现通信控制。

知识准备

遥控系统可工作在2.4 GHz与5.8 GHz两个频段。一般在城市环境中，使用5.8 GHz频段以降低干扰；在郊外开阔环境下，使用2.4 GHz频段，可大幅度提升有效通信距离。遥控系统包括遥控发射机和遥控接收机两部分，一般两者配对后使用。

1. 遥控发射机

图 5-1-2 遥控发射机

遥控发射机就是通常所说的遥控器，它外部一般安装有天线，如图5-1-2所示。遥控指令是通过内部电路调制、编码，再通过高频信号放大电路由天线以电磁波形式发射出去。

遥控发射机一般为比例控制型，所谓比例控制是指操作杆偏移的角度与舵机偏移量成比例，为模拟量控制。遥控发射机还具有存储多种飞行模式的配置和数据功能以及计时、计数功能，方便练习和操作。有的遥控发射机具有液晶显示屏幕，可显示工作状态和各种功能等。遥控发射机最少要有4条通道，另外还需要预留一些额外通道来控制其他部件或状态。

2. 遥控接收机

图 5-1-3 遥控接收机

遥控接收机安装在无人机上用来接收并处理来自遥控发射机的无线电信号，如图5-1-3所示。遥控接收机可以将所接收的信号进行放大、整形、解码，并转换成舵机与电调可以识别的数字脉冲信号（飞控也可以识别），这样无人机可以通过执行机构完成指令发出的动作。

实际作业中，每架无人机都有一个接收机，发射机可能只需要一个，并且接收机的成本也远低于发射机，因此可以将几个接收机和一个发射机配套。同品牌同规格的发射机与接收机配对后都可以使用，可以根据实际情况和经验进行选择。

任务实施

1. 了解上行链路的组成部分及其主要功能

检查天地飞WFR09S套件是否齐全，熟悉各部件，填写表5-1-1。

表5-1-1 天地飞WFR09S套件

序号	名称	图片	是否齐全	备注
1	发射机	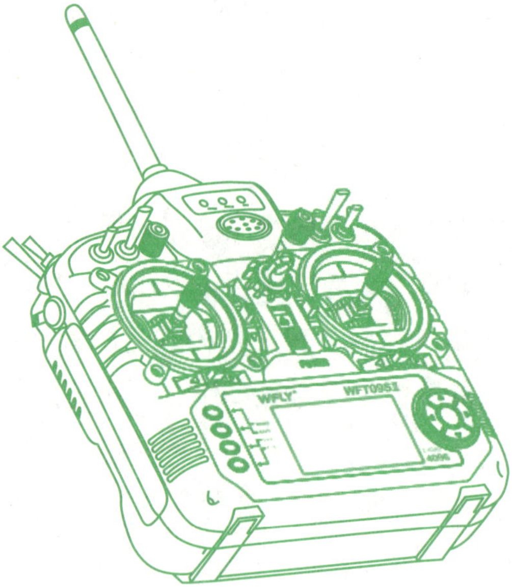		
2	接收机	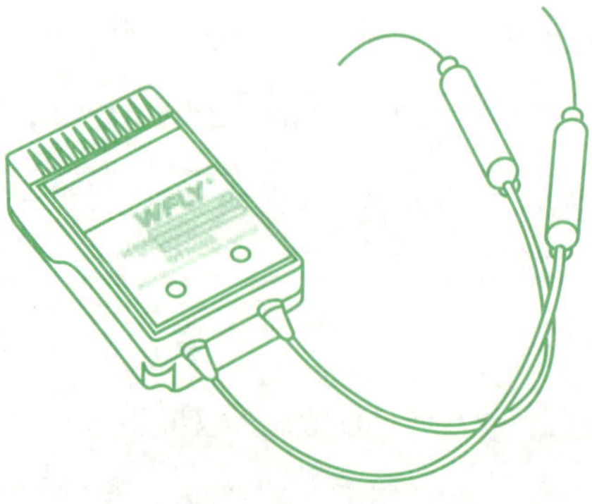		

序号	名称	图片	是否齐全	备注
3	电池盒			
4	吊带			
5	降压器			
6	计算机接口数据线			

2. 认识接收机的引脚

天地飞WFR09S 2.4 GHz接收机适用于天地飞2.4 GHz系列的发射机，引脚接线图如图5-1-4所示。

根据实际情况，将接收机、舵机、电池、电调、无刷电机等连接好，如图5-1-5所示。

图 5-1-4 天地飞 WFR09S 2.4 GHz 接收机引脚接线图

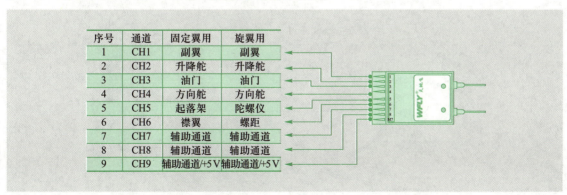

序号	通道	固定翼用	旋翼用
1	CH1	副翼	副翼
2	CH2	升降舵	升降舵
3	CH3	油门	油门
4	CH4	方向舵	方向舵
5	CH5	起落架	陀螺仪
6	CH6	襟翼	螺距
7	CH7	辅助通道	辅助通道
8	CH8	辅助通道	辅助通道
9	CH9	辅助通道/+5 V	辅助通道/+5 V

图 5-1-5 连接上行链路

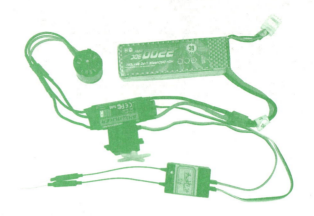

3. 进行发射机与接收机对码

对码是指实现发射机与接收机之间配对的操作，使两者一一对应，实现信号传输。

步骤1　接通接收机电源。

步骤2　进入"参数设置"→"高级设置"中的对码界面。

步骤3　使用方向键选定对码，对码过程需要在短距离内完成。注意：2.4 GHz高频系统在关闭状态下对码功能无法使用。

步骤4　对码成功将返回到菜单，也可以长按"退出"键强制退出。

步骤5　按住接收机的"SET"键直至"STAUS"指示灯慢闪，如图5-1-6所示。

图 5-1-6 设置接收机

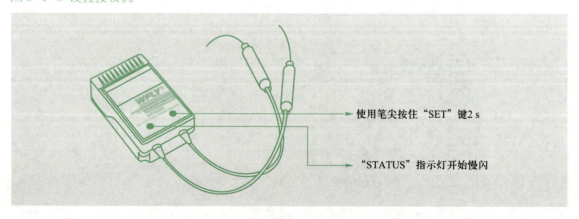

使用笔尖按住"SET"键2 s

"STATUS"指示灯开始慢闪

步骤6 等候发射机对码指令，对码成功后"STATUS"指示灯熄灭，即可正常使用。

考核评价

根据任务完成情况，填写表5-1-2。

表 5-1-2 考核评价表

考核项目	内容	分值	自我评价	组内互评	教师评价
遥控系统组成	发射机	10			
	接收机	10			
认识上行链路设备	识别上行链路套件	20			
	认识接收机的引脚	20			
	进行发射机与接收机对码	20			
安全与职业素养	遵守实训室管理规定	10			
	遵循实训室 6S 管理规范	10			
	总评				

任务二 连接与调试图传链路

任务描述

图传链路是一条单向链路，它是一条将无人机的视频数据传输到地面站的下行链路，所以用于航拍的无人机都具备图传链路。而图传链路有许多种类，一般分为模拟图传链路和数字图传链路，而且占用的频段也略有不同，所以了解不同图传链路之间的区别，可以更好地选择合适自己的图传设备。

任务目标

1. 了解图传链路发展过程。

2. 了解图传链路的组成部分。

3. 知道图传链路数据的传送方向。

4. 了解模拟图传链路以及数字图传链路的优缺点。

5. 了解不同频段图传链路的优缺点。

知识准备

1. 图传链路的工作过程

图像传输链路简称图传链路，其功能是将天空中处于飞行状态无人机所拍摄的画面实时稳定地发射给地面无线图传遥控接收设备。图传链路的工作过程大致如下（以数字图传为例）：无人机上挂载的视频拍摄装置将采集的视频信号传输到安装在无人机上的图传信号发送设备，然后由图传信号发送设备将 2.4 GHz 无线信号（其他频率包括 1.2 GHz、2.4 GHz、5.8 GHz，不同频率的抗干扰能力、带宽各不相同）传送到地面的接收系统，由接收系统再通过 HDMI 传输到显示设备上，或者通过 USB 接口传输到手机或平板电脑上，如图 5-2-1 所示。

图 5-2-1 图传链路的工作过程

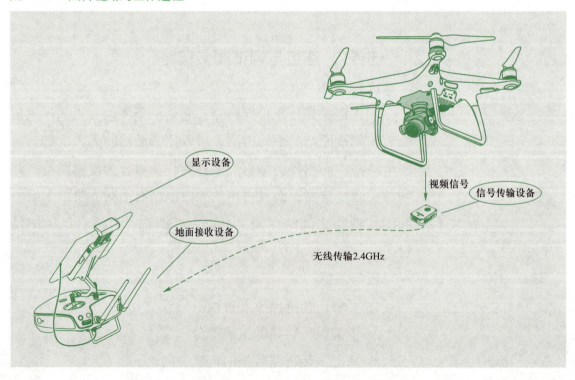

显示设备

视频信号

信号传输设备

地面接收设备

无线传输2.4GHz

无人机飞行范围过大会造成遥控信号变差，实时高清图传也会出现问题。图像传输距离的远近，图像传输质量的好坏，图像传输的稳定性等是衡量图传链路性能的关键因素。近年发展起来的无线高清图传有三个重要的特点：高清、实时、远距离。

2. 不同频段的图传链路

（1）433 MHz频段

433 MHz频段信号的穿透力（绕射）较强，并由于该频段是开放频段，成本较低，可以实现天线小型化，方便携带和安装，也因此成为业余无线电中最为拥挤的频段。

（2）2.4 GHz频段和5.8 GHz频段

2.4 GHz频段和5.8 GHz频段的特点见表5-2-1。

表5-2-1 2.4 GHz 频段和 5.8 GHz 频段的特点

频段	传输速率	穿透力	抗干扰能力
2.4 GHz	11 Mbps	绕射能力较强，在室内使用穿墙效果更佳	容易受到干扰
5.8 GHz	54 Mbps	容易受到障碍物的影响	干扰相对较少

3. 模拟图传和数字图传

常见小型多旋翼无人机图传设备的图像质量指标、信道编码效率等均不高，且抗干扰能力差，同时，由于载重及能量供给有限，不便安装大型图传设备。因此，图传的实时视频和图像基本只能作为监视使用，高质量、高清晰度的视频与图像还要通过机载存储器，降落后下载使用。

（1）模拟图传

早期的图传设备一般采用模拟制式，如图5-2-2所示。

优点：

① 价格低廉，市面上的模拟图传发射和接收套装通常在1 000元以内。

图 5-2-2 模拟图传

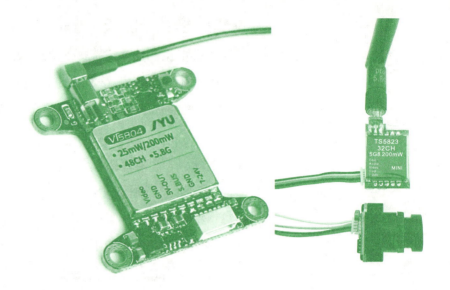

② 模拟图传的发射端相当于采用广播方式，只要接收端的频率和发射端的一致，就可以接收视频信号，方便多人同时观看，并且搭配不同的天线可以实现不同的接收效果。

③ 工作距离较远，以常用的 600 mW 图传发射为例，在开阔的场地工作距离在 2 km 以上。

④ 兼有部分判断飞行姿态功能。

⑤ 一体化的视频接收装置及 DVR（录像）和 FPV 专用视频眼镜技术成熟，可选择的产品较多。

⑥ 图传的延时主要来自图传编码和摄像机成像，模拟图传由于没有编码过程，因此视频信号基本没有延迟。

缺点：

① 发射端、接收端和天线等产品种类繁多，新手选择比较困难。

② 易受到同频干扰。

③ 安装、调试过程繁琐，并且需要一定经验，有一定的入门难度。

④ 没有 DVR（录像）功能的接收端无法实时回看视频，而有 DVR 功能的接收端回看视频也较为不便。

⑤ 模拟图传发射端通常安装在机身外，影响一体机的美观。

⑥ 如果图传天线安装不当，可能在有的飞行姿态下被机身遮挡，导致此时接收信号欠佳，影响飞行安全。

⑦ 视频带宽小，画质较差。

（2）数字图传

现在开发的无人机通常搭载了专用数字图传，如图5-2-3所示，它的视频传输通过数字信号进行。

优点：

① 使用方便，通常只需在遥控器上安装手机/平板电脑作为显示器即可。

② 中高端产品的图像质量较高。

③ 中高端产品的传输距离可达到2 km，可以与普通模拟图传相当。

④ 实时回看拍摄的照片和视频比较方便。

⑤ 发射端集成在机身内，可靠性较高。

缺点：

① 中高端产品的价格昂贵。

图 5-2-3 数字图传

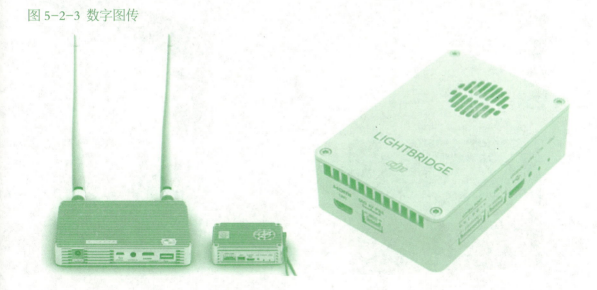

② 低端产品的有效传输距离短和图像延迟问题比较严重，影响飞行体验和远距离飞行安全。

③ 普通手机和平板电脑在没有配备遮光罩的情况下，在室外环境下飞行时，较低的屏幕亮度使得飞手难以看清画面。

④ 不同的数字图传对手机/平板电脑作为显示器的兼容性没有充分验证，某些型号可能适配性较差。

任务实施

1. 了解图传模块

步骤1　打开一套VT5804穿越机5.8 GHz模拟图传模块，如图5-2-4所示，查看图传模块说明书，了解图传模块的作用与功能。

步骤2　了解图传模块每个引脚的功能，如图5-2-5所示。

步骤3　学习表5-2-2的内容。

图 5-2-4 图传模块　　　　　　　图 5-2-5 图传模块引脚

表 5-2-2 图传模块参数

序号	参数名称	最小值	典型值	最大值	单位
1	输出阻抗	—	50	—	Ω
2	输出增益	23	23.5	24	dB
3	VCC（IN）	7	12	24	V
4	供电电流	180	190	200	mA
5	视频带宽	0	—	8	MHz
6	音频载波频率	—	6.5	—	MHz
7	视频接收峰－峰值	0.8	1.0	1.2	V
8	音频接收峰－峰值	0.5	—	2.0	V
9	音频输入阻抗	—	10	—	kΩ
10	质量		7		g
11	天线连接方式	SMA			
12	尺寸	30×20×9			mm
13	VCC（OUT）	5			V

步骤4　根据图传模块，初步熟悉图传的组成框架。

2. 了解图传的组成

根据图传套装，将图传进行框架划分，找出天线模块、图传电路模块、地面接收模块和显示器模块以及摄像头模块等。

3. 熟悉图传模块的接口，并进行图传模块的安装接线

将图传模块连接好，并检查连线是否稳固可靠，接触良好。接上摄像头以及飞控模块，确保接触良好。

4. 学会进行图传链路的对接

将图传模块安装好后，对频实现图传模块的对接，查看图传模块是否正常工作。

考核评价

根据任务完成情况，填写表5-2-3。

表 5-2-3 考核评价表

考核项目	内容	分值	自我评价	组内互评	教师评价
认识图传链路	图传链路的工作过程	10			
	不同频段的图传链路	10			
模拟图传和数字图传	模拟图传	20			
	数字图传	20			
组装图传链路	了解图传模块及组成	10			
	图传模块的安装接线和对接	10			
安全与职业素养	遵守实训室管理规定	10			
	遵循实训室 6S 管理规范	10			
总评					

任务三 连接与调试数传链路

任务描述

数传链路是地面站与无人机进行双向通信的一条主要通道，它既能将控制指令发送到无人机上，同时也能将无人机当前的状态信息、传感器信息等反馈回地面站。认识数传链路可以对无人机和地面站之间的通信方式深入了解。

任务目标

1. 了解数传链路的组成部分。

2. 学会连接数传链路，并实现调参。

3. 利用数传链路实现数据传输控制。

知识准备

数传链路是由数传模块组成的双向链路，用于在视距内外完成地面站与无人机之间的数据收发。

数传链路设备如图 5-3-1 所示，其中无线数传电台是数传链路的核心设备，采用数字信号处理、数字调制

图 5-3-1　数传链路设备

解调等技术，具有前向纠错等功能，其传输速率在一般在 300~19 200 bps 之间，发射功率最高可达数瓦甚至数十瓦，传输距离可达数十千米。无线数传电台主要利用超短波无线信道，多旋翼无人机大多使用 900 MHz 频率。

无线数传电台大致分为两种，一种是传统模拟电台，另一种是采用 DSP 技术的数字电台。传统模拟电台的调制、解调、滤波和纠错工作全部由模拟量处理完成。随着集成电路的飞速发展，开发出基于 DSP（数字信号处理）技术的专用处理芯片，并以此为核心制造出数字电台，可以实现实时或在线通信。

无人机数传电台通常具有如下功能：

① 跳频扩频功能：跳频组合数量越高，抗干扰能力越强，一般数传电台能做到几十、几百个跳频组合，性能优异的数传电台能做到 60 000 个跳频组合。

② 存储转发功能。

③ 数据加密功能：通过数据加密功能可以提高数据传输的可靠性，防止数据泄密。常见的数据加密方式有 DES、AES 等。

④ 高速率传输数据功能：无人机数传电台属于窄带远

距离传输的范畴，一般具有115 200 bps的高速率传输数据功能。

另外，由于无人机采用电池供电，并且数据传输距离较远，因此数传设备必须体积小、重量轻、功耗低、灵敏度高。

任务实施

本任务以大疆Batalink3多旋翼无人机为例，学习连接数传链路。

1. 器件准备

本任务所需器件见表5-3-1。

表5-3-1 器 件 准 备

序号	名称	图片	数量
1	地面端	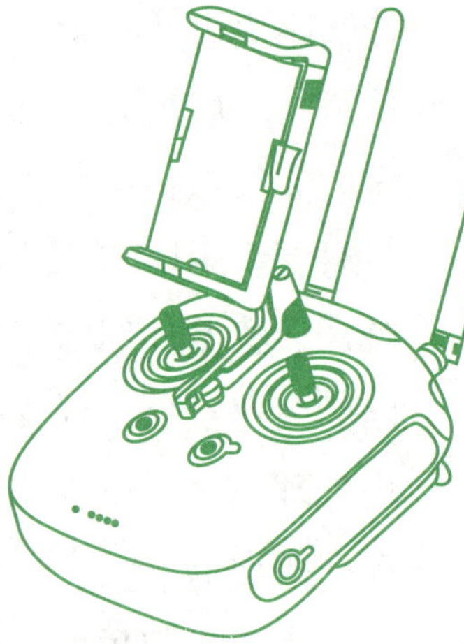	1
2	天空端	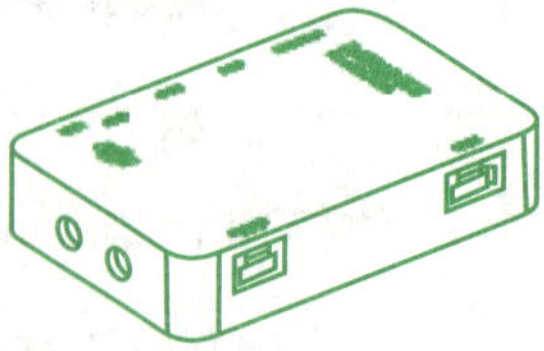	1
3	天空端电源线（黑红黑）		1
4	天空端 DBUS 连接线	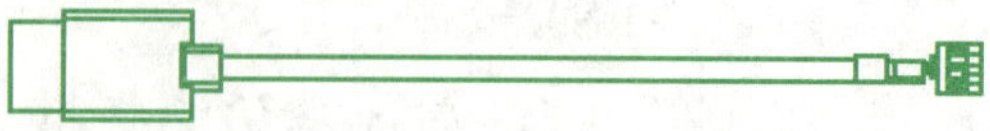	1

序号	名称	图片	数量
5	Micro USB 线		1
6	天空端 UART 线		1
7	天空端天线		2
8	天空端天线延长线		2
9	天空端 SBUS 转接线		1
10	天空端 CAN 连接线		1
11	外接 GPS 模块		1
12	充电器		1

序号	名称	图片	数量
13	电源线		1
14	泡棉双面胶		若干

2. 连接器件

（1）安装天线

天空端需要通过天线和控制器进行通信，安装天空端天线前需要先安装天空端天线延长线，安装步骤如下：

步骤1　准备两根天空端天线延长线、两根天空端天线及泡棉双面胶。

步骤2　将包装内的天空端天线延长线安装到天空端的天线端口，按紧后会听到"咔"的一声，如图5-3-2所示。

步骤3　将天空端天线连接至天空端天线延长线并按紧。

步骤4　使用泡棉双面胶将天空端粘贴到飞行平台的预留安装位置或者其他合适的平整面上。安装天空端时，务必确保其他部件有足够空间。

（2）地面端连接移动设备（显示设备）

步骤1　展开移动设备支架，使用一字螺丝刀拧下支架上的螺钉，如图5-3-3所示。

步骤2　将支架插入地面端，如图5-3-4所示。

图 5-3-2 安装天线步骤 2

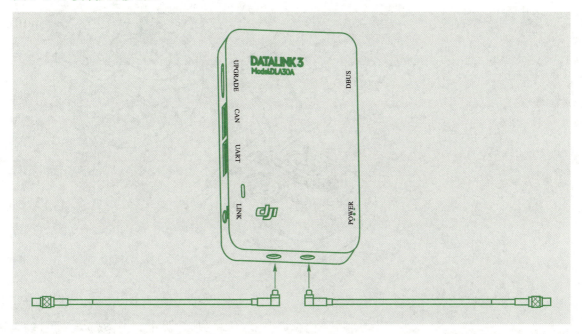

图 5-3-3 地面端连接移动设备步骤 1 　　　图 5-3-4 地面端连接移动设备步骤 2

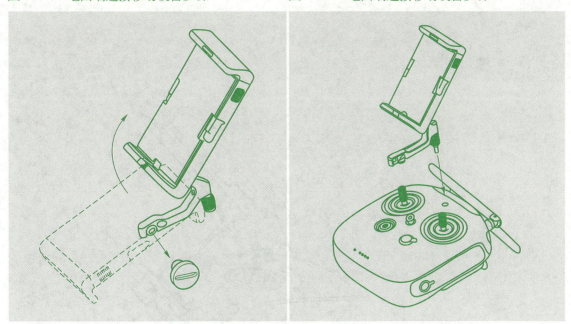

　　步骤3　对齐支架和地面端上的安装孔，然后拧入一字螺钉，如图5-3-5所示。

图 5-3-5 地面端连接移
动设备步骤 3

步骤4　将移动设备安装到支架上，用数据线连接地
面端和移动设备（事先安装相关APP）的USB端口，如图
5-3-6所示。

图 5-3-6 地面端连接移
动设备步骤 4

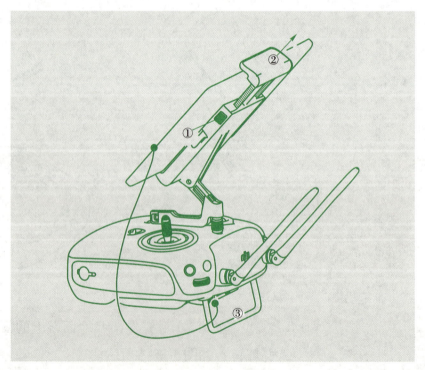

（3）天空端连接飞控

以DJIN3飞控为例，连接步骤如下：

步骤1　确保天空端已安装天线延长线及天线。

步骤2　使用包装内的DBUS连接线，连接天空端的DBUS接口和DJ系列飞控的RF接口，如图5-3-7所示。

（4）设置接收机类型

将DU系列飞控连接至Datalink3天空端后，需要在DJI ASSISTANTM2中对应设置参数，选择接收机类型，否则可能无法飞行甚至导致严重安全事故。

3. 地面端对频

首次使用地面端时，需要与天空端完成对频。

（1）使用DJI MG APP对频

步骤1　确保天线已插入天空端，且天空端已连接飞控。

步骤2　放置天空端和地面端，使二者保持1~2 m的距离。

步骤3　开启地面端，连接移动设备，并运行APP。

步骤4　进入作业界面，单击"遥控器对频"。

步骤5　APP显示倒计时对话框，表示进入对频状态，如图5-3-8所示。

步骤6　使用合适的工具按下天空端上方的对频按键，完成对频。对频成功后，遥控器指示灯和天空端工作状态指示灯显示绿灯常亮。

图5-3-7　天空端连接飞控步骤2

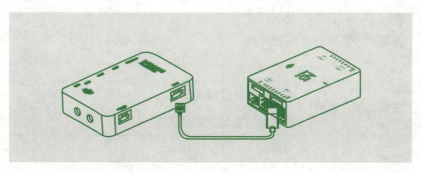

图 5-3-8 使用 DJI MG
APP 对频步骤 5

（2）使用遥控器快捷键快速对频

步骤1 确保天线已插入天空端，且天空端已连接飞控。

步骤2 开启遥控器，同时按下遥控器自定义按键C1、C2和D，此时遥控器状态指示灯显示蓝灯闪烁，并且发出滴滴提示音进入对频状态。

步骤3 使用合适的工具按下Datalink3天空端上方的对频按键，完成对频。对频成功后，遥控器指示灯和天空端工作状态指示灯显示绿灯常亮。

考核评价

根据任务完成情况，填写表5-3-2。

表5-3-2 考核评价表

考核项目	内容	分值	自我评价	组内互评	教师评价
认识数传链路	认识数传链路的组成	10			
	数传电台功能	10			
连接数传链路	认识器件	10			
	连接器件	30			
	地面端对频	20			
安全与职业素养	遵守实训室管理规定	10			
	遵循实训室 6S 管理规范	10			
	总评				

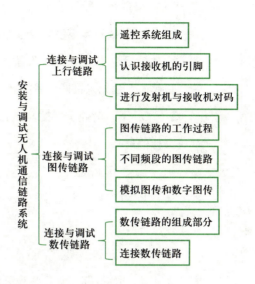

思考与练习

一、填空题

1. 链路是指从一个结点到相邻结点的一段 _____，中间没有任何其他的交换结点。

2. 无人机通信链路，主要指用于无人机系统 _____、_____、_____ 三部分通信的无线电链路。

3. 无人机通信链路也常被称为 _____。

4. 无人机通信链路主要包括的三条链路分别是 _____、_____、_____。

5. 无人机通信链路按照传输方向可以分为：_____ 和 _____。

6. 视距内通信链路地面天线一般采用 _____、_____ 和 _____。

二、判断题

1. RC遥控链路中的上传链路属于双向链路。　　　　　（　　）

2. 数传链路只能用来进行地面站与无人机进行单向通信。（　　）

3. 无线数传电台大致分为两种：模拟电台和数字电台。　（　　）

4. 无人机处于遥控器前方时，可水平握持遥控器，让天线处于竖直状态，让无人机处于遥控器较强的信号区域范围内。　　　　（　　）

5. 无人机处于遥控器上方时，需将天线调整为水平状态，以获得最佳信号。　　　　　　　　　　　　　　　　　　　　　（　　）

三、选择题

1. 以下不属于遥控器开关量控制的是（　　　）

A. 无人机左移　　　　　　　B. 关闭起落架

C. 打开起落架　　　　　　　D. 打开LED灯

2. 图传链路是一条将视频数据传输到地面站的（　　　）。

A. 单向链路　　　　　　　　B. 双向链路

C. 上行链路　　　　　　　　D. 不定向链路

3. 用于航拍的无人机必须具备（　　　）。

A. 数传链路　　　　　　　　B. 图传链路

C. RC遥控链路　　　　　　　D. 上行链路

4. 下列穿透力最强的频段是（　　　）。

A. 433 MHz　　　　　　　　B. 1.2 GHz

C. 2.4 GHz　　　　　　　　D. 5.8 GHz

四、思考题

1. 无人机的通信链路主要作用是什么？

2. 接收机的各通道连接是否有固定的要求？

3. 无人机的三条通信链路分别有什么作用？

项目六 安装、调试和使用无人机地面站系统 6

项目情境

　　无人机地面站系统是无人机系统的控制中心。随着无人机技术的发展，地面站系统也在不断完善。无人机飞手可以通过地面站远程操控和实时监控无人机飞行姿态和航拍视频，实时接收空中视频图像和遥测数据，对信号不良、电池电量不足、操作有误等问题可以实时发出光学、声音、画面报警。

　　掌握无人机地面站系统的组成，安装、调试与使用无人机地面站及其软件是使用无人机进行行业作业的基础。

项目目标

1. 了解无人机地面站系统的组成。
2. 了解典型的无人机地面站软件。
3. 掌握大疆地面站软件的安装、调试和使用。
4. 掌握 Mission Planner 地面站软件的调试和使用。

项目知识

　　无人机地面站系统也称地面站、控制站，是无人机调参和实现超视距飞行的基础，如图6-0-1所示。一般情况下，无人机地面站软件具备无人机调参、数据回传监控、飞行指令发送等功能，可以辅助无人机飞手进行操控，以便应对无人机在自动驾驶过程中出现的应急情况。

　　无人机地面站系统一般由硬件和软件两部分组成，如图6-0-2所示。硬件包含计算机、显示设备、遥控设备、数传设备、图传设备、电源等相关设备。软件一般指飞控地面站软件，这类软件一般与飞控系统配套使用。

图 6-0-1 无人机地面站系统

图 6-0-2 无人机地面站系统组成

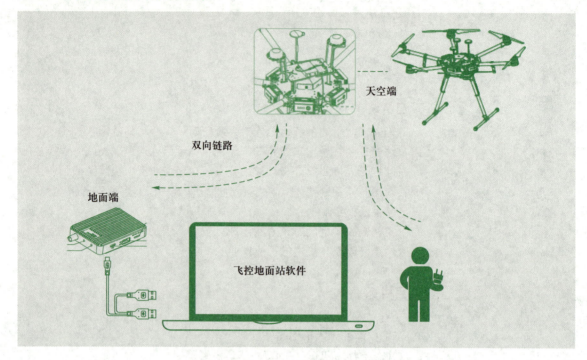

1. 无人机地面站系统的硬件

无人机地面站系统的硬件组成如图6-0-3所示,按照功能,可以分为3个模块,分别为显示模块、操控模块和数据通信模块。

（1）显示模块

显示模块是无人机地面站系统的重要组成部分,用来显示无人机的飞行信息和图像信息。飞行信息包括航线航点、飞行速度、飞行高度、返航点、飞行姿态等飞行数据,还包含应急情况下的警告和报警信息,如图6-0-4所示。图像信息一般需要机载摄像头获取。

对于某些用于执行专业任务的无人机,飞行信息和图像信息分两个显示屏显示,如图6-0-5所示。飞行信息使用安装在计算机或移动设

图 6-0-3 无人机地面站
系统的硬件组成

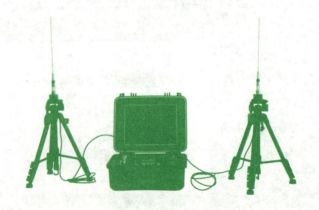

图 6-0-4 飞行信息

（a）

（b）

图 6-0-5 飞行信息和图
像信息分两个显示屏显示

备上的地面站软件进行显示，而图像信息可以使用与图传模块连接的显示屏直接显示。

对于消费级普通无人机一般在一个显示屏同时显示飞行信息和图像信息。例如，大疆消费级无人机就是利用大疆DJI GO系列软件同时显示图像信息和飞行信息。FPV穿越机利用OSD功能（即在显示器的屏幕中显示字符功能），不需要专门地面站软件可以在图传图像信号上直接叠加飞行信息，将二者同时显示在图传接收屏幕上。

（2）操控模块

无人机飞行一般有三种控制模式：自控飞行、遥控飞行以及遥控与自控结合飞行。控制的对象一般有两个部分，无人机本身及其携带的任务载荷。

对于使用地面站进行飞行的无人机，一般采用遥控与自控结合飞行的模式，如图6-0-6所示，在无人机起降阶段使用遥控器进行控制，而进入航线飞行阶段就通过地面站软件进行自动控制飞行。小型的消费级无人机和准消费级无人机一般采用遥控以及配套的移动端地面站直接控制。

（3）数据通信模块

地面站与无人机之间进行实时信息交换需要通过数据通信模块来实现，数据通信模块具体知识可以参考项目五。

2. 常用的地面站软件

地面站软件是地面站不可缺少的部分，无人机飞手需要通过地面站软件来获取无人机的飞行信息以及对无人机进行航线规划、任务分配等操作。地面站软件是飞手与无人机进行人机交互的平台。

图 6-0-6 遥控与自控结合飞行的模式

地面站软件主要具有以下三个功能：

① 显示无人机飞行航线、地理信息、飞行情况和任务情况。

② 设置和修改无人机飞行航线、任务分配。

③ 显示无人机关键信息和报警信息。

市场上地面站软件产品较多。如大疆地面站软件、Mission Planner 地面站软件、零度地面站软件等。

（1）大疆地面站软件

大疆地面站软件是一款可以控制DJI无人机实现自主航线规划及飞行作业的成熟地面站软件，有针对不同行业（如植保、航拍等）的专业版本以及支持PC和移动设备的不同版本，如图6-0-7所示。大疆地面站软件内嵌3D地图，界面设计较为人性化，具备自动航线规划、自定义航点、全自主起飞和降落等功能。大疆地面站软件支持WKM、NAZA-M、A2、A3等飞控。

（2）Mission Planner 地面站软件

Mission Planner 地面站软件（如图6-0-8所示）主要进行航线规划和飞行数据分析，应用于APM系列开源飞控的无人设备。目前市面上很多飞控和地面站系统都是基于APM和Mission Planner研制出来的。

Mission Planner 地面站软件主要的功能有：

① 进行APM系列飞控调参。

② 直接设置航线、航点，实现无人机的自主航线规划和定点飞行，如图6-0-9所示。

图 6-0-7 大疆地面站软件 PC 版本

（a）

（b）

图 6-0-8 Mission Planner
地面站软件界面

图 6-0-9 Mission Planner
地面站软件航线规划

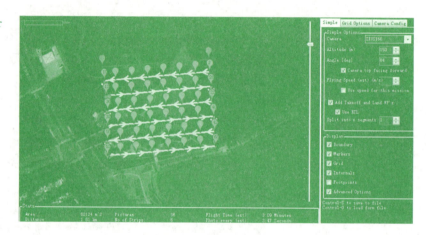

③ 作为平台，进行飞控和地面站系统的二次开发。

④ 监控无人机飞行状态，包括飞行姿态、电机情况以及电池使用情况等。

（3）零度地面站软件

零度地面站软件分为旋翼地面站软件和固定翼地面站软件。旋翼地面站软件配合S4、X4以及双星子等零度旋翼飞控使用。零度地面站软件具有设置飞控参数、航线规划、指点飞行以及飞行信息监控等功能。零度地面站软件界面如图6-0-10所示。

图 6-0-10 零度地面站软件界面

任务一 操作大疆地面站软件

任务描述

品牌飞控需要使用配套地面站软件，本任务主要学习操作大疆地面站软件的方法。

任务目标

1. 了解地面站软件架构。

2. 熟悉大疆地面站软件的使用方法。

知识准备

大疆地面站软件具有较为人性化的界面设置，操作简单方便。

大疆地面站软件界面如图 6-1-1 所示，主要包括基本菜单栏、功能菜单栏以及其他状态设置和显示功能区。

1. 基本菜单栏

基本菜单栏包括操纵杆、工具箱、系统设置、语言等菜单。

图 6-1-1 大疆地面站软件界面

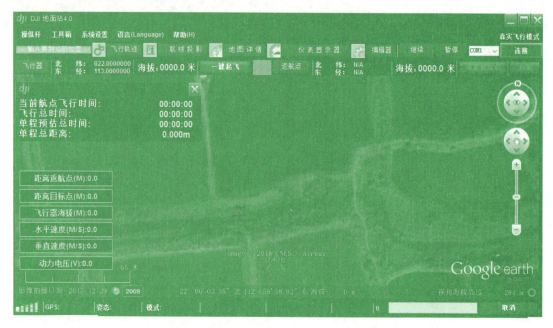

（1）操纵杆菜单

操纵杆菜单主要包括以下命令：

① 选择：用于选择操纵杆。

② 校准：用于校准操纵杆。

③ 通道映射：用于操纵杆控制通道映射。

（2）工具箱菜单

① 单击模式：用于实时设置单航点。

② F通道控制器：用于设置主控器F通道的功能。

③ 相对坐标编辑器：用于在当前航点相对位置添加一个新航点。

④ 航线模板：用于设置航线类型。

⑤ 动作设置：用于设置通用伺服功能。

⑥ 摄影测量工具：用于设置摄影测量工具。

（3）系统设置菜单

选择系统设置菜单，可以进入系统设置界面、海拔高度补偿值界面，还可以打开数据记录文件夹选项。

系统设置界面如图6-1-2所示。

海拔高度补偿值界面如图6-1-3所示。

2. 功能菜单栏

功能菜单栏具有以下功能：输入要到达的位置、显示飞行轨迹、显示航线投影、显示地图详情、打开仪表显示器、打开编辑器、继续和暂停飞行任务以及连接无人机。

（1）仪表显示器

仪表显示器有两种样式，如图6-1-4所示，可以通过系统设置进行选择。仪表显示器一般显示有飞行的实时姿态、实时高度、实时水平速度、实时垂直速度和指南针所指的方向。

图 6-1-2 系统设置界面

图 6-1-3 海拔高度补偿值界面

图 6-1-4 仪表显示器的样式

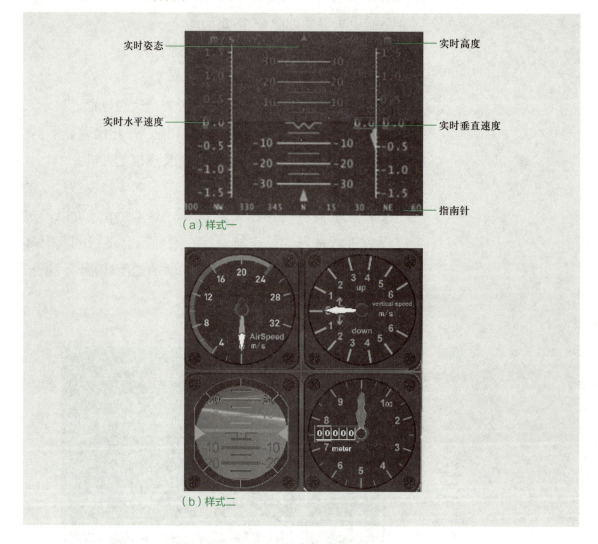

实时姿态 ——
实时高度
实时水平速度 ——
实时垂直速度
指南针
（a）样式一

（b）样式二

（2）编辑器

编辑飞行航线需要使用编辑器，如图6-1-5所示。

任务实施

1. 安装大疆地面站软件

大疆地面站软件包括图6-1-6所示的系统软件、插件以及驱动程序。

2. 启动大疆地面站软件

通过Windows操作系统桌面上的图标或者开始菜单中

图 6-1-5 编辑器

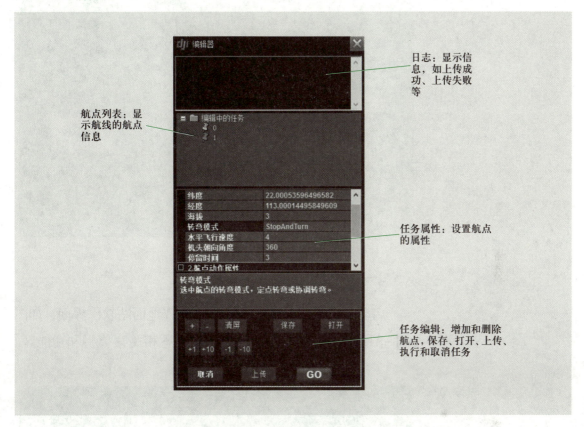

航点列表：显示航线的航点信息

日志：显示信息，如上传成功、上传失败等

任务属性：设置航点的属性

任务编辑：增加和删除航点，保存、打开、上传、执行和取消任务

图 6-1-6 安装大疆地面站软件

🐾 地面站软件(GCS)			
地面站软件发布记录	🗓 2015-05-08	🗎 ZIP	🗎 PDF
地面站用户手册 v3.04	🗓 2015-05-08	🗎 ZIP	🗎 PDF
.Net Framework 3.5	🗓 2014-03-26	⬇ EXE	
谷歌地球插件	🗓 2014-04-10	🗎 ZIP	
地面站系统 (已停止更新) 4.0.11	🗓 2014-11-07	⬇ MSI	
GPSExporter	🗓 2014-02-10	🗎 ZIP	

的相应命令可以启动大疆地面站软件，如图6-1-7所示，启动过程中系统会检测网络，如果网络连接正确，则正常启动。如果网络连接失败，将自动进入离线模式，在离线模式状态下无法加载地图。

图 6-1-7 启动大疆地面站软件

3. 认识大疆地面站软件界面

启动大疆地面站软件后，进入大疆地面站软件界面，如图6-1-8所示，根据前面学习的知识熟悉相关菜单栏和功能区。

图 6-1-8 大疆地面站软件界面

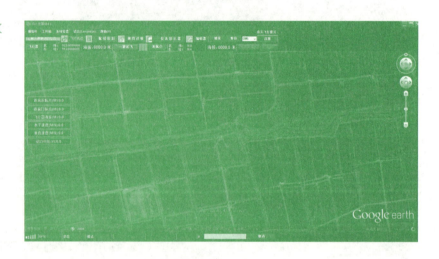

4. 添加新航点

步骤1　选择一个已有的航点，按Shift＋P快捷键或单击"工具箱"→"相对坐标编辑器"，弹出相对坐标输入窗口，如图6-1-9所示。

步骤2　用Tab键在两个输入框之间切换。

图 6-1-9 相对坐标输入窗口

步骤3　输入相对坐标：角度是指新航点与当前航点正北方向的相对角度，正北方向为0，顺时针叠加；距离是指新航点与当前航点的相对距离。

步骤4　按Enter键，显示新航点，如图6-1-10所示。

5. 设置转弯模式

在航线规划中，可以为每个航点设置一种转弯模式，大疆地面站软件提供了3种航点转弯模式：定点转弯模式、协调转弯模式和自适应协调转弯模式。

定点转弯模式是指无人机到达航点的准确坐标后，停留用户所设置的时间，再飞向下一个航点。协调转弯模式下无人机会智能计算出转弯的速度和角度，不经过航点直接转向下一个航点。自适应协调转弯模式与协调转弯模式的最大区别在于，在自适应协调转弯模式下，无人机会为不偏离航线而自动减速，在协调转弯模式下，无人机会在转弯时尽量保持速度，因此有可能较大幅度偏离航线。3种转弯模式的比较如图6-1-11所示。

图6-1-10　显示新航点

图 6-1-11 3 种转弯模式的比较

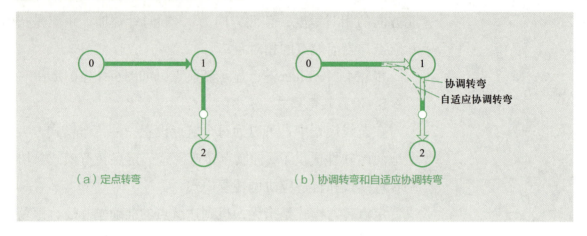

（a）定点转弯   （b）协调转弯和自适应协调转弯

6. 规划飞行航线

步骤 1　单击基本菜单栏的"系统设置"→"海拔高度补偿值"，进入"海拔高度补偿值"界面，选中"高度"选项。补偿值一般为"推荐海拔高度补偿值"+3，因此在"设置补偿值"框中填入 4，单击"确定"按钮，如图 6-1-12 所示。

步骤 2　单击功能菜单栏的"编辑器"，进入"编辑器"界面，单击"新建"按钮新建一个飞行任务，如图 6-1-13 所示。

步骤 3　地图中红色箭头表示无人机所在位置，若软件未连接无人机，该位置为随机位置。单击"编辑器"中的"+"按钮，再单击无人机位置，建立第一个航点，如图 6-1-14 所示。

图 6-1-12 设置补偿值

图 6-1-13 新建飞行任务

（a）　　　　　　　　　　（b）

图 6-1-14 建立第一个
航点

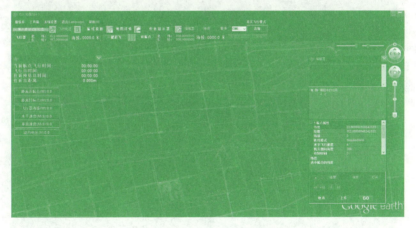

步骤4　单击基本菜单栏的"工具箱"，选择"相对坐标编辑器"，使用相对坐标编辑器绘制图6-1-15所示的矩形航线。

步骤5　在"编辑器"界面中，选中"0"航点，单击"−"按钮删除"0"航点，如图6-1-16所示。

步骤6　在"编辑器"界面中，选中"编辑中的任务"可编辑全部航点的属性，选中其中一个航点，可单独编辑该航点的属性。将该航线循环方式设置为"Continuous"（持续），航线起始点设置为"0"航点，垂直最大速度（上升

图 6-1-15 绘制矩形航线

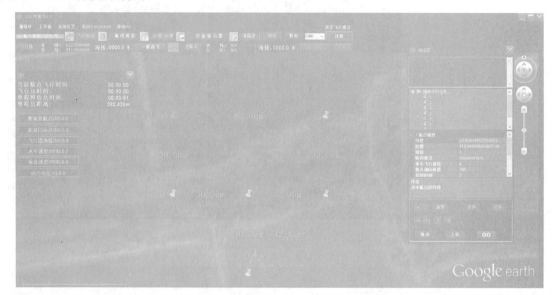

图 6-1-16 删除"0"航点

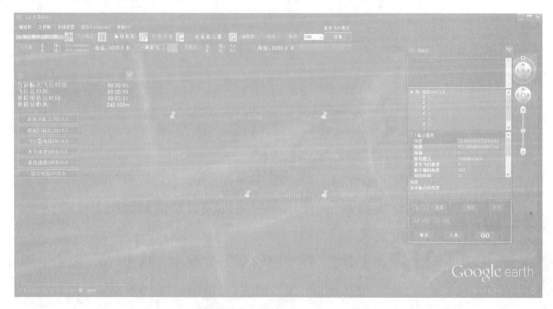

最大速度）设置为1.5 m/s。所有航点进行如下设置：海拔为20 m，速度为3 m/s，转弯模式为"StopAndTurn"（停止转弯），如图6-1-17所示。

步骤7　保存该飞行任务数据。

步骤8　将航点"1"的海拔修改为30 m，转弯模式修改为"Bank_turn"（协调转弯），如图6-1-18所示。

图 6-1-17 编辑航点属性　　　　　　　　图 6-1-18 修改航点"1"属性

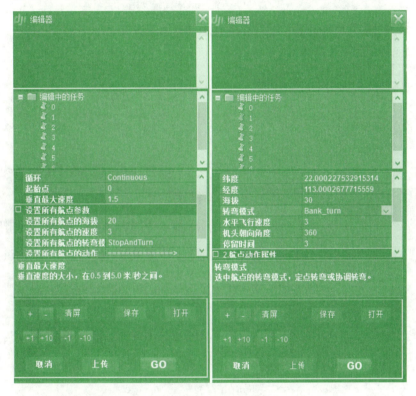

考核评价

根据任务完成情况，填写表6-1-1。

表 6-1-1 考核评价表

考核项目	内容	分值	自我评价	组内互评	教师评价
安装和启动大疆地面站软件	安装大疆地面站软件	5			
	启动大疆地面站软件	5			

考核项目	内容	分值	自我评价	组内互评	教师评价
认识大疆地面站软件界面	基本菜单栏	10			
	功能菜单栏	15			
使用大疆地面站软件	添加新航点	15			
	设置转弯模式	15			
	规划飞行航线	15			
安全与职业素养	遵守实训室管理规定	10			
	遵循实训室 6S 管理规范	10			
总评					

任务二 操作 Mission Planner 地面站软件

任务描述

对于开源的 PIX、APM 飞控，一般使用 Mission Planner 地面站软件。本任务主要学习操作 Mission Planner 地面站软件的方法。

任务目标

1. 了解 Mission Planner 地面站软件界面。

2. 掌握利用 Mission Planner 地面站软件进行飞行任务规划的方法。

3. 了解相关的参数调整命令。

知识准备

Mission Planner 地面站软件除了能够对 PIX、APM 飞控进行调参以外，还能够利用数传电台，搭建地面站，实现对无人机的航线规划，进行飞行控制以及飞行数据记录等。

数传电台与无人机连接后，Mission Planner 地面站软件主界面如图 6-2-1 所示。其中 HUD 界面参数如图 6-2-2 所示。

Mission Planner地面站软件使用时，地图显示当前GPS锁定位置。当无人机右倾时，人工水平线左倾；当无人机左倾时，人工水平线右倾。

图 6-2-1 Mission Planner 地面站软件主界面

图 6-2-2 HUD 界面参数

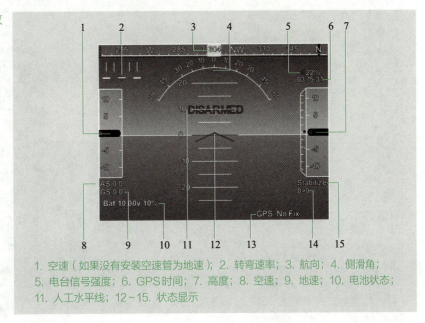

1. 空速（如果没有安装空速管为地速）；2. 转弯速率；3. 航向；4. 侧滑角；
5. 电台信号强度；6. GPS 时间；7. 高度；8. 空速；9. 地速；10. 电池状态；
11. 人工水平线；12~15. 状态显示

在无人机状态输出界面，WPDist代表距离下一个航点距离，BearingERR代表航向角偏差，AlterERR代表高度偏差，WP代表下一个航点，Mode代表当前飞行模式，Plane output代表自动驾驶仪输出的前4个通道信号。

在自动导航状态下，可以发送飞行指令，当遥控器处于手动模式位置时，发送飞行指令无效。

在界面中右击，在弹出的快捷菜单中单击"Fly To Here"命令可以进入手动控制飞行模式，如图6-2-3所示，在此模式下无人机按照手动确定的航点飞行，不受原来规划航点控制。

连接飞控以后出现以下菜单：

Planner：地面站选项，用于存储诸如道路标志、测量单位、ETC等信息。

Basic Pids：设置普通无人机的Pids参数。

Flight Modes：用于设置6个通道的飞行模式。

Standard Params：设置标准参数。

图6-2-3 手动控制飞行模式

GeoFence：用于设置飞行区域。

FailSafe：用于设置故障模式。

Advanced Params：用于设置高级参数。

Full Parameter List：可以设置并保存无人机的所有飞控参数，可以与以前的数据进行比较。

Copter Pids：设置旋翼无人机的Pids参数。

任务实施

1. 连接数传电台，规划航点

（1）设置Home Position

对于旋翼无人机，Home Position就是飞控上电的位置，这意味着如果执行RTL模式，将自动返航到Home Position。对于固定翼无人机，Home Position是GPS第一次锁定的位置。

（2）任务简述

本次任务飞行过程如下：自动起飞到20 m高度，飞行到WP2点，爬升到100 m高度，等待10 s，无人机将处理WP3点，下降到50 m高度，返航降落，着陆点在起飞点，如图6-2-4所示。

图 6-2-4 任务航线

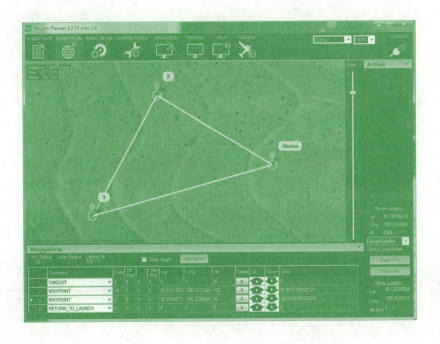

（3）规划航点

在航点设置界面的下方，有详细的航点规划及动作，通过下拉菜单可以改变航点动作，通过在地图拖动鼠标可以改变航点位置。

（4）设置飞行模式

Default Alt为默认飞行模式，在RTL（Return To Launch）状态下，如果选定Hold Default Alt，无人机将按设定的高度实现RTL飞行；如果选定Verify Alt，无人机飞行时不断查询地图数据，并检测自身高度数据，进行实时地形匹配以避免撞地。

（5）加载和保存飞行任务

通过右击弹出快捷菜单可以加载和保存飞行任务，如图6-2-5所示，方便重复执行飞行任务。

（6）提前下载地图数据

通过Prefetch按钮可以提前下载地图数据到地面站软件，避免由于野外无网络而无法接收地图数据。单击Prefetch按钮后，按Alt键，用鼠标拖动出矩形区域，可以下载矩形区

图6-2-5 加载和保存飞行任务

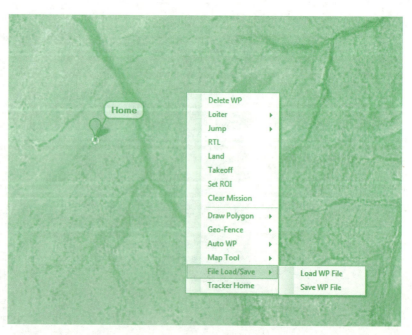

域的地图。

（7）自动绘制航点轨迹

通过单击增加航点的方式绘制一个多边形，然后单击Grid按钮，自动绘制网格状的航点轨迹，最后在航点轨迹上可以定义每个航点的动作。

（8）设置Home Position

通过Home Location菜单可以设置Home Position。

（9）测量航点之间的距离

通过Measure Distance按钮可以测量航点之间的距离。

（10）Auto grid功能

通过Auto grid功能可以生成"割草机"轨迹，以收集当地的图片。在地图上右击，选择绘制多边形需要的区域，选择Auto grid菜单，按照对话框自动处理高度和距离，将自动生成图6-2-6所示的网格航点。

2. 熟悉常用任务指令

在地图的下方可以看到按当前无人机类型产生的任务指令列表，如图6-2-7所示，并增加一列航向参数（需要用户提供）。这些指令包括导航到航点、临近盘旋、执行特殊动作（如拍照等）和条件指令。

图6-2-6 网格航点

图 6-2-7 任务指令列表

全部指令在Mavlink Mission Command Messages定义，通过MavLink_Mission_Item_Message传递，指令必须与指定无人机相关，无效指令将被忽略。

（1）指令分类

① Navigation（导航）指令：用于控制无人机移动，包括起飞、移动到航点、改变飞行姿态、着陆。

② DO（动作）指令：用于辅助功能，不影响飞行位置，包括相机快门、抛投伺服等。

③ Condition（条件）指令：用于延迟DO指令，直到条件满足。

（2）Mission Planner支持的旋翼无人机指令

① MAV_CMD_MISSION_START：启动当前任务，自动（不用油门）运行，没有参数。

② MAV_CMD_COMPONENT_ARM_DISARM：电机上电或掉电，参数包括1、2。

③ MAV_CMD_NAV_WAYPOINT：移动到指定航点，参数包括2、5、6、7。

④ MAV_CMD_NAV_RETURN_TO_LAUNCH：返回Home Position或Rally Point，没有参数。

⑤ MAV_CMD_CONDITION_DELAY：抵达航点后，延迟执行DO命令，参数为1，表示时间长度。

⑥ MAV_CMD_CONDITION_DISTANCE：抵达当前航点指定的距离范围内，参数为1，表示距离。

⑦ MAV_CMD_DO_CHANGE_SPEED：改变目标水平

速度或油门，参数为2，表示速度。

⑧ MAV_CMD_DO_SET_HOME：动作指令，设置Home Position位置，参数包括1、5、6、7。

⑨ MAV_CMD_DO_SET_SERVO：动作指令，设定给定的伺服输出引脚PWM，参数包括1、2。

⑩ MAV_CMD_DO_SET_RELAY：动作指令，设定指定输出引脚高低电平，参数包括1、2。

⑪ MAV_CMD_DO_REPEAT_SERVO：给输出引脚指定PWM和中立波，按指定周期循环次数，参数包括1（引脚号）、2（PWM）、3（重复）、4（循环）。

⑫ MAV_CMD_DO_REPEAT_RELAY：给输出引脚指定高低电平，按指定周期循环次数，参数包括1（引脚号）、2（PWM）、3（重复）、4（循环）。

⑬ MAV_CMD_DO_DIGICAM_CONFIGURE（Camera enabled only）：设置相机。

⑭ MAV_CMD_DO_DIGICAM_CONTROL（Camera enabled only）：控制相机。

⑮ MAV_CMD_DO_SET_CAM_TRIGG_DIST（Camera enabled only）：触发相机。

⑯ MAV_CMD_DO_SET_ROI：指定云台指向区域，参数包括5、6、7。

⑰ MAV_CMD_DO_SET_MODE：设置系统模式，参数为1。

⑱ MAV_CMD_DO_JUMP：切换到指定航点，参数包括1、2。

⑲ MAV_CMD_NAV_TAKEOFF：起飞指令，所有任务的第一次指令，参数为7。

⑳ MAV_CMD_NAV_LAND：在指定区域着陆，参数包括5、6，需要退出Auto模式，切断动力。

㉑ MAV_CMD_NAV_LOITER_UNLIM：飞到指定区域，然后盘旋，参数包括5、6、7。

㉒ MAV_CMD_NAV_LOITER_TURNS：在指定区域盘旋，给定盘旋半径，参数包括1、5、6、7。

㉓ MAV_CMD_NAV_LOITER_TIME：在指定区域盘旋，给定盘旋时间，参数包括1、5、6、7。

㉔ MAV_CMD_CONDITION_CHANGE_ALT：按指定爬升或降落速度改变至指定高度，参数包括1、7。

㉕ MAV_CMD_NAV_SPLINE_WAYPOINT：按曲线形式航行到指定位置，参数包括1、5、6、7。

㉖ MAV_CMD_CONDITION_YAW：航向更改，参数包括1、3、4。

㉗ MAV_CMD_DO_MOUNT_CONTROL：控制相机云台，参数包括1、2、3。

3. 进行相机控制与自动操作

相机快门和云台指令占用3条通道，在无人机移动的时间间隔或指定的航点上执行快门动作，如果相机安装在云台上，还可以控制云台的指向。云台指令包括：DO_SET_ROI用于将云台指向指定区域，DO_MOUNT_CONTROL用于将云台控制到roll、pitch、yaw方向。

对于简单的应用，可以手动控制航点和快门指令，对于复杂的测绘任务，自动生成任意区域的指令任务。

4. 自动任务案例

在飞行规划界面，创建多点区域，在区域内右击，在弹出的快捷菜单中选择Auto WP→Survey（Grid），如图6-2-8所示。

Mission Planner将自动显示配置界面，如图6-2-9所示，界面上定义了相机参数，并自动计算拍照距离，即DO_SET_CAM_TRIGG_DIST命令参数。

当单击"Accept"按钮后，接收这些参数，Mission Planner

图 6-2-8 创建多点区域

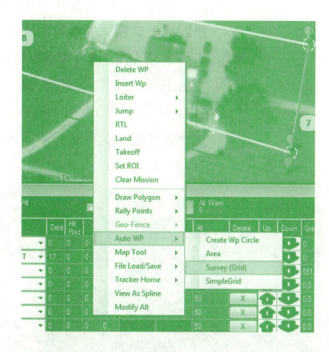

图 6-2-9 自动显示配置界面

将生成一系列航点覆盖指定区域，包括起飞和着陆航点。调用DO_SET_CAM_TRIGG_DIST指令，用于设置相机快门指令的距离，再次调用DO_SET_CAM_TRIGG_DIST指令，设置参数为0，停止拍照（注意：2次调用指令的参数不同）。执行任务后，会得到15张图片，如图6-2-10所示。

图 6-2-10 拍照数据显示

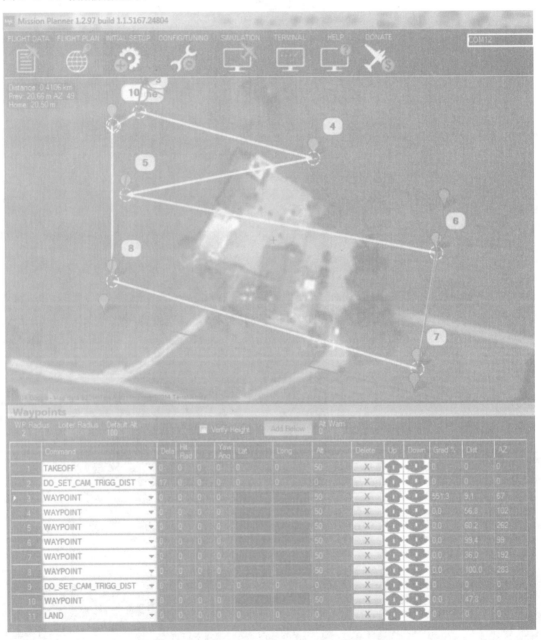

5. 进行转场点设置

当无人机进入RTL模式，默认的执行方式是返回出发点，但是由于距离和电量的限制，不能无限进行默认执行，可以采用Rally Points（转场点）模式。无人机进入RTL模式，会就近找到Home Position或者最近的Rally Point进行降落，而不是返回起飞点。转场点数据显示如图6-2-11所示。

步骤1　设置Rally Points（转场点）。在飞行规划地图上右击，在快捷菜单中选择Rally Points→Set Rally Point，如图6-2-12所示。

步骤2　设置转场点高度，如图6-2-13所示。

重复上面的操作，设置多个转场点，单击"上传数据"按钮，完成设置。

图6-2-11 转场点数据显示

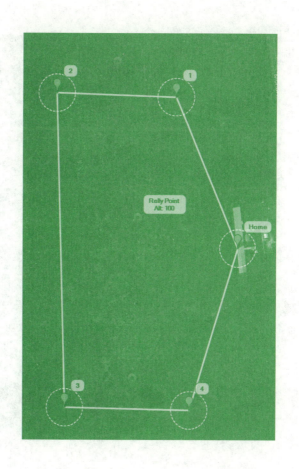

图 6-2-12 设置转场点

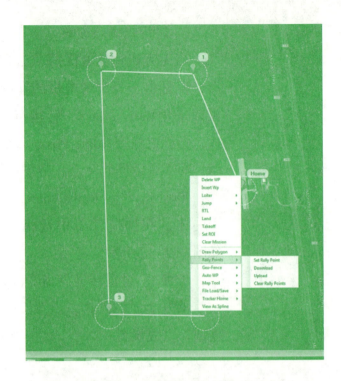

图 6-2-13 设置转场点
高度

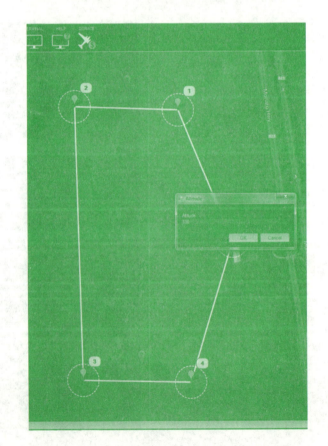

6. 地形跟踪

对于固定翼无人机，Mission Planner 地面站软件具有地形跟踪功能（Terrain following），在无人机上地形跟踪数据保存在 microSD 卡上，如图 6-2-14 所示。

图 6-2-14 地形跟踪数据

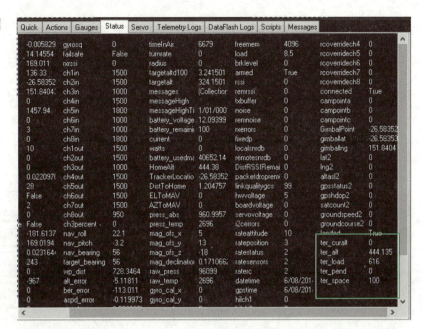

考核评价

根据任务完成情况，填写表 6-2-1。

表 6-2-1 考核评价表

考核项目	内容	分值	自我评价	组内互评	教师评价
认识 Mission Planner 地面站软件	主界面	10			
	HUD 界面参数	10			
使用 Mission Planner 地面站软件	连接数传电台，规划航点，熟悉常用操作	10			
	进行相机控制与自动操作	10			
	自动任务	10			
	进行转场点设置	10			
	地形跟踪	20			

考核项目	内容	分值	自我评价	组内互评	教师评价
安全与职业素养	遵守实训室管理规定	10			
	遵循实训室 6S 管理规范	10			
	总评				

项目小结

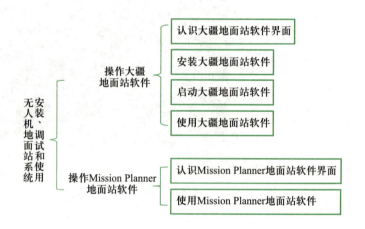

思考与练习

一、填空题

1. 无人机地面站系统主要由 _____ 和 _____ 组成。

2. 无人机地面站系统硬件一般包含 _____ 、_____ 、
_____ 、_____ 、_____ 、_____ 等相关设备。

3. 无人机飞行一般有 _____ 、_____ 、_____ 三种
控制模式。

4. 大疆地面站软件提供了3种航点转弯模式，分别是 _____ 、 _____ 、 _____ 。

5. 无人机地面站系统也称地面站、控制站，是无人机 _____ 和 _____ 的基础。

6. 飞行信息包括 _____ 、 _____ 、 _____ 、 _____ 、飞行姿态等飞行数据，还包含应急情况下的警告和报警信息。

二、选择题

1. 指挥控制与是无人机地面站的（　　）主要功能。

A. 飞行状态监控　　　　B. 任务规划　　　　C. 飞行视角显示

2. 无人机地面站系统不包括（　　）。

A. 机载电台　　　　　　B. 无人机控制站

C. 载荷控制站　　　　　D. 天线

3. 无人机地面站软件应能显示（　　）。

A. 无人机飞行员状态　　B. 飞行空域信息

C. 无人机状态　　　　　D. 链路载荷状态

4. 无人机地面站软件可为无人机飞手提供（　　）。

A. 飞行姿态　　　　　　B. 位置

C. 飞控状态　　　　　　D. 其他无人机信息

三、思考题

1. 简述无人机地面站软件的作用。

2. 简述无人机地面站软件的参数设置流程。

3. 商业地面站软件和开源地面站软件的优缺点有哪些？

项目七 组装和调试多旋翼无人机整机

7

伴随着无人机技术的迅速发展，无人机设备功能逐渐丰富，购买无人机的价格门槛也越来越低，而很多时候我们需要自己组装一台多旋翼无人机。多旋翼无人机整机的组装是指把无人机的基本硬件、辅助设备按照一定的技术要求、操作流程，组装成满足设计要求的多旋翼无人机。常见的入门级多旋翼无人机有F450、F550、穿越机等，如图7-0-1所示。

图7-0-1 常见的入门级多旋翼无人机 F450、F550、穿越机

项目情境

本项目按照模块组成、组装操作、调试调参、通电试飞的流程组装一台F450多旋翼无人机，接下来扩展至F550多旋翼无人机，并且通过组装过程，对各模块的选择有初步了解、认识。

项目目标

1. 了解多旋翼无人机的气动结构布局。
2. 了解多旋翼无人机模块组成。
3. 了解多旋翼无人机机架选择。
4. 掌握多旋翼无人机组装的过程。
5. 掌握常用遥控器和飞控的设置和调试。
6. 掌握多旋翼无人机的试飞运行。

项目知识

1. 多旋翼无人机组成

多旋翼无人机主要由机身系统（机架、起落架）、动力系统（电机、电调、螺旋桨、电池）、飞控系统、机载设备（云台、相机、农药喷洒设备等）、图传设备、遥控器等组成，如图7-0-2所示。

（1）机身系统

多旋翼无人机的机身系统（也称为机架）是安装其他结构的基础，起承载作用，一般有3轴、4轴、6轴、8轴等系列机架。图7-0-3所

示为塑料机架。

（2）动力系统

动力系统为多旋翼无人机飞行提供动力，一般由电池（如图7-0-4所示）、电机、电调、螺旋桨组成。

图7-0-2 多旋翼无人机
组成

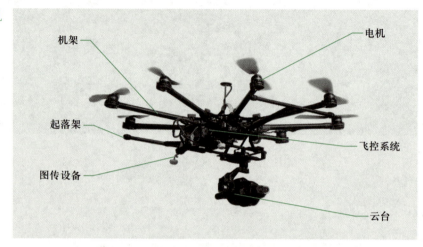

机架

电机

起落架

飞控系统

图传设备

云台

图7-0-3 塑料机架

图7-0-4 电池

（3）飞控系统

飞行控制系统（简称飞控系统、飞控）用来控制多旋翼无人机飞行姿态和运动，由传感器、机载计算机和执行机构组成，常见的飞控有F3飞控、A2飞控、NAZA飞控、A3飞控等，如图7-0-5所示。

（4）遥控装置

遥控装置一般是指地面上可以对多旋翼无人机发出指令以及接收多旋翼无人机回传信息的设备。遥控器是一种最常见的遥控装置，如图7-0-6所示，有时手机、笔记本电脑也可以作为多旋翼无人机的遥控装置。

（5）任务载荷

任务载荷是指装备到多旋翼无人机上用以实现飞行所要完成特定任务的设备、仪器及分系统。常见的任务载荷有图传（如图7-0-7所示）和云台。

图 7-0-5 常见的飞控

图 7-0-6 遥控器　　　　图 7-0-7 图传

2. 旋翼的数量

旋翼越多，多旋翼无人机稳定性越好，载重越大，但随之尺寸也变大，耗电也越多。本例采用四旋翼比三旋翼也更容易平衡，对比六旋翼、八旋翼，四旋翼结构更简单、更省电。

3. 多旋翼气动结构布局

旋翼是多旋翼无人机的气动部件，气动结构布局是指旋翼的排列形式。多旋翼无人机气动结构布局形式主要有X型、十型、Y型、H型等。

任务一 选择多旋翼无人机组件

任务描述

组装多旋翼无人机首先要确定相关组件，并且根据需求，选择各组件的型号、参数。

任务目标

1. 确定要组装多旋翼无人机的旋翼数量。

2. 熟悉多旋翼无人机组件的选择依据。

3. 列出组件的清单及价格。

知识准备

选择多旋翼无人机组件的顺序如下：选择机架→选择螺旋桨→选择电机→选择电调→选择电池。

1. 多旋翼无人机机架选择的依据

机架的主要功能是装载各类设备、动力电池或燃料，同时它是其他结构部件的安装基础，将支臂、脚架、云台等连接成一个整体。支臂是机架结构的延伸，用于扩充轴距，安装电机。

（1）选择轴数

选择机架首先要选择轴数（旋翼数），然后选择气动结构布局，根据应用需要，这里选择四轴（四旋翼）X型布局的机架。

（2）选择材料

机架材料主要包括塑料、玻璃纤维、碳纤维以及铝合金、钢等金属，各种材料特点如下：

①塑料：价格便宜、重量轻，有一定强度，适合初学者。

②玻璃纤维：强度高，重量轻，但价格贵，很多机架中心板为玻璃纤维，机臂为其他材料。

③碳纤维：比玻璃纤维强度更高，重量更轻，但价格也更贵。

④铝合金、钢等金属：强度高、重量重，不适合切割。

初学者一般选用塑料机架。

2. 多旋翼无人机动力系统选择的依据

多旋翼无人机动力系统的组成包括螺旋桨、电机、电调、电池，简称桨、机、调、池。

（1）螺旋桨

螺旋桨是安装在电机上为多旋翼无人机提供升力的装置，主要材料有木材、塑料、碳纤维。

选择螺旋桨的材料，主要考虑材料的刚度、重量、价格等，以及桨形的设计水平与材料工艺等。与选择机架相似，初学者一般选用塑料螺旋桨。

选择螺旋桨还要考虑与机架的搭配，四旋翼无人机的螺旋桨和机架的搭配见表7-1-1。

表 7-1-1 四旋翼无人机的螺旋桨和机架的搭配

螺旋桨尺寸 /in	机架轴距 /mm	螺旋桨尺寸 /in	机架轴距 /mm
10	450	16	720
11	500	17	780
12	550	18	820
13	600	19	860
14	650	20	900
15	680		

（2）电机

多旋翼无人机使用的主流电机是外转子三相交流无刷同步电机，如图7-1-1所示。

图 7-1-1 外转子三相交流无刷同步电机

尺寸相近的电机，KV值越小，同等电压下转速越低，扭矩越大，可带更大的螺旋桨。而且，KV值越小，效率就越高。例如，航拍用多旋翼无人机要选用小KV值电机配大螺旋桨，低转速电机的振动也小，对于航拍极为有利。选择电机还要考虑动力冗余配置，保证少量电机失效时，仍能保证多旋翼无人机安全降落。

无人机载重量、螺旋桨型号、电机型号以及电池参数的搭配见表7-1-2。

表 7-1-2 无人机载重量、螺旋桨型号、电机型号以及电池参数的搭配

无人机载重量 /kg	螺旋桨型号	电机型号	电池参数
1.8	APC1147	2216KV800	3 S
2	APC1238	2810KV750	3 S
2.5	APC1340	2814KV700	3 S
2.5	APC1340	2814KV600	4 S
2.5	APC1238	3110KV650	4 S

无人机载重量 /kg	螺旋桨型号	电机型号	电池参数
2.5	DJ1555/APC1540	3508KV580/KV700	4 S
2.5	APC1447/APC1540	4108KV480/KV600	4 S
3	DJ1555	3508KV380	6 S
3	DJ1555	4108KV380	6 S
3	DJ1555	4010KV320	6 S
3	APC1447	4008KV400	6 S

（3）电调

电调的作用是根据飞控的控制信号，将电池的直流输入转变为一定频率的交流输出，用于控制电机转速。

选择电调需要考虑电流规格，由于多旋翼无人机在机动时电流会增大，在室外抗风时电流也会增大，因此电调电流一般选取悬停电流的4~5倍，这样可以保留充足的余量。

选择电调还要考虑供电能力，另外要将每个支臂的电调设置一致，否则难以控制多旋翼无人机。

（4）电池

选择电池主要考虑以下参数：容量、电压、放电倍率、充电倍率、放电终止电压。

任务实施

1. 组装多旋翼无人机的需求

步骤1　选择多旋翼无人机用途（在下面选项中勾选）。

□航拍　□室内穿越　□室外穿越　□植保　□测绘
□其他 _____

步骤2　选择对多旋翼无人机的要求，填写表7-1-3。

表 7-1-3 对多旋翼无人机的要求

考虑事项	内容提示	备注
□ 组装成本	购置的预算金额	
□ 续航时间	电池可提供飞行的时间	
□ 耐用时长	整机预计寿命时长	
□ 整机大小 / 重量	存放 / 搬运是否方便（尺寸 + 重量）	
□ 载荷功能	组装完成后设想实现的功能	
□ 安全性	购置材料的安全性	
□ 其他	其他	

步骤 3　确定多旋翼无人机的组件，填写表 7-1-4。

表 7-1-4 多旋翼无人机的组件

机身系统	气动结构布局	□ X 型　□ Y 型　□ 十型　□ H 型
	轴数	□ 3 轴　□ 4 轴　□ 6 轴　□ 8 轴　□ 12 轴
	机架材料	□ 塑料　□ 玻璃纤维　□ 碳纤维　□ 铝合金
	起落架	□ 雪橇式　□ 水桶式　□ 轮式
动力系统	电机	□ 有刷电机　□ 无刷电机
	电调	□ 有刷电调　□ 无刷电调
	螺旋桨	□ 木材　□ 塑料　□ 碳纤维
	电池	□ 2S　□ 3S　□ 4S　□ 6S
飞控系统	飞控	□ F3 飞控　　□ A2 飞控 □ NAZA 飞控　□ A3 飞控
遥控系统	遥控器	□ 手机 / 平板遥控　□ 传统遥控器 □ 手表、手环和语音控制等新型遥控
	接收机	□ 6 通道　□ 7 通道　□ 10 通道　□ 12 通道
	GPS 模块	□ 双模 GPS 模块
任务载荷	云台	□ 固定云台　□ 电动云台
	相机	□ 变焦相机　□ 定焦相机 □ 4K 摄像机　□ 2K 摄像机

步骤4　制作采购清单，填写表7-1-5。

表 7-1-5 采 购 清 单

序号	材料名称	生产公司	购买数量	单价	总价

步骤5　计算成本，填写表7-1-6。

表 7-1-6 成 本 统 计

项目	价格
组装材料购买	
工具购买	
消耗品购买	
累计总价:	

2. 准备组件和工具

步骤1　准备组件，见表7-1-7。

表7-1-7 组 件 清 单

序号	名称	数量	示例
1	机架	4个	
2	无刷电机	4台	
3	无刷电调	4个	

序号	名称	数量	示例
4	螺旋桨	2 对	
5	飞控	1 个	
6	遥控器	1 个	
7	接收机	1 个	

序号	名称	数量	示例
8	XT60 接头	1个	

步骤2　准备工具和仪表，见表7-1-8。

表 7-1-8 工具和仪表清单

序号	名称	作用	数量	示例
1	电烙铁	焊接电线与集线板等部件	1台	
2	万用表	检测电池电量及集线板电流	1台	
3	六方扳手套装	装卸机架和电机座上的螺钉	1套	

序号	名称	作用	数量	示例
4	剪刀	剪切扎带	1把	

步骤3　准备消耗品，见表7-1-9。

表7-1-9 消耗品清单

序号	名称	作用	数量	示例
1	焊锡	用于焊接	1卷	
2	胶带	将电子设备粘结在机架上	1卷	
3	低强度螺钉胶	加固机架金属螺钉连接	1瓶	

序号	名称	作用	数量	示例
4	热缩管	套在电线与接头处,避免导线短路	若干	
5	扎带	用于线材、电调的捆绑	1包	

考核评价

根据任务完成情况,填写表7-1-10。

表7-1-10 考核评价表

考核项目	内容	分值	自我评价	组内互评	教师评价
选择多旋翼无人机组件	机架	10			
	动力系统	40			
组装多旋翼无人机	描述需求	10			
	准备组件	20			
安全与职业素养	遵守实训室管理规定	10			
	遵循实训室 6S 管理规范	10			
	总评				

任务二 组装多旋翼无人机

任务描述

做完准备工作,就可以组装多旋翼无人机了。

任务目标

1. 掌握多旋翼无人机各组件的安装位置、装接方法及注意事项。

2. 按照工艺要求组装多旋翼无人机。

知识准备

1. 多旋翼无人机组装的流程（如图7-2-1所示）

图7-2-1 多旋翼无人机组装的流程

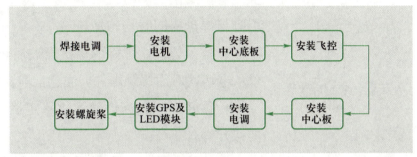

2. 多旋翼无人机组装工艺

（1）焊接工艺

① 电烙铁的握法

电烙铁的握法分为三种（如图7-2-2所示）：

● 反握法：用五根手指把电烙铁的手柄握在手掌内，适用于大功率电烙铁，焊接散热量大的被焊件。

● 正握法：适用于较大的电烙铁，对于弯形烙铁头一般也用此法。

● 握笔法：适用于小功率电烙铁，焊接散热量小的被焊件，如焊接收音机、电视机的印制电路板等。

图7-2-2 电烙铁的握法

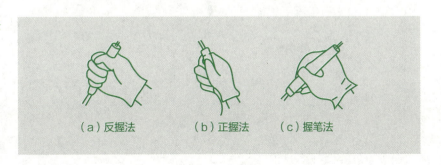

（a）反握法　　（b）正握法　　（c）握笔法

② 焊接流程（如图7-2-3所示）

• 准备施焊。左手拿焊丝，右手握电烙铁，进入备焊状态。要求烙铁头保持干净，无焊渣等杂物，并在表面镀有一层焊锡。

• 加热焊件。烙铁头靠在两焊件的连接处，加热焊件，加热时间为1~2 s。对于在印制电路板上焊接元器件来说，要注意使烙铁头同时接触两个焊件。导线与接线柱、元器件引脚与焊盘要同时均匀加热。

• 送入焊丝。焊件的焊接面被加热到一定温度时，将焊丝从电烙铁对面接触焊件。注意：不要把焊丝送到烙铁头上。

• 移开焊丝。当焊丝熔化一定量后，立即向左上45°方向移开焊丝。

• 移开电烙铁。焊锡浸润焊盘和焊件的施焊部位以后，向右上45°方向移开电烙铁，结束焊接。

（2）安装螺钉注意事项

① 安装机臂

将电机安装到机臂上，在拧螺钉时先安装对角方向的螺钉，拧入2/3深度后再拧其余两颗，最后将所有螺钉拧到头固定好就完成了。

② 安装中心板

安装中心板拧螺钉时，力度要适度，避免拧坏螺钉，也要按照对角顺序拧螺钉。

图 7-2-3 焊接流程

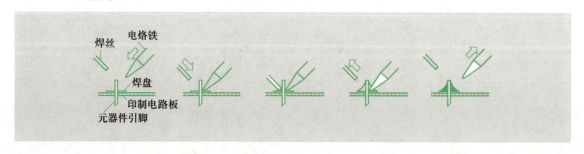

（3）布线工艺

布线时，要注意确保主控器的所有端口不要被遮挡，方便布线及后面连接计算机进行调参，确保各接线无误后，可以把各舵机线用扎带扎好。另外布线应规整统一、不暴露在外，整齐地覆盖在中心板下。

任务实施

1. 焊接电调

步骤1　将电调的输入端两根电线分别焊接在中心板上，如图7-2-4所示。注意：红线接"+"极，黑线接"−"极，电调背面朝上，确保焊点牢固并且不会出现短路。

步骤2　焊接电源线接头，如图7-2-5所示。注意：使用XT60公头，焊接时接头的+、−接口对应红线与黑线，剥线长度为4 mm，刚好插入XT60接口。

步骤3　焊接动力电源线，如图7-2-6所示。注意，红线接正极，黑线接负极，剥线时不要破坏红线的绝缘层，以免造成短路，并且长度刚好够焊接到板上即可。

步骤4　焊接完成后，检查是否漏焊虚焊，再用万用表测试各个焊点是否短路。

图 7-2-4 焊接电调与中心板

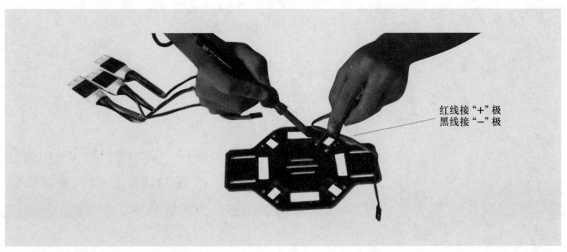

红线接"+"极
黑线接"−"极

图 7-2-5 焊接电源线接头

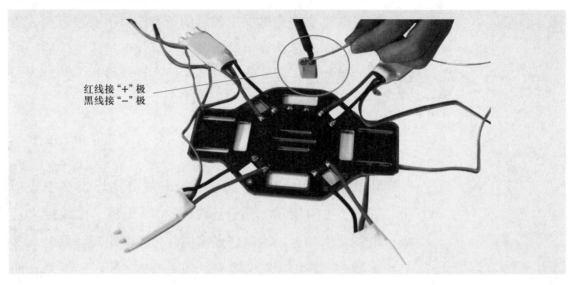

红线接"+"极
黑线接"-"极

图 7-2-6 焊接动力电源线

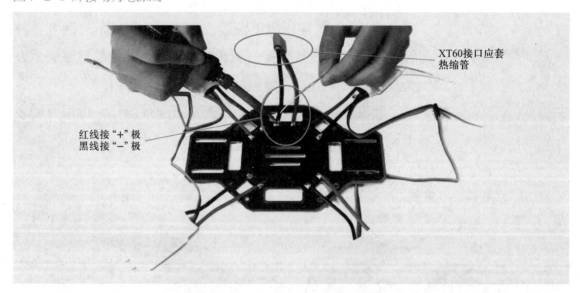

XT60接口应套
热缩管

红线接"+"极
黑线接"-"极

2. 安装电机

步骤1　准备16颗内六角螺钉，型号为M3×8（即为直径为3 mm，长度为8 mm）；准备2312电机和机臂，机臂尺寸为23 mm×12 mm，CW、CCW各有2个，如图7-2-7所示。

图 7-2-7 准备材料

步骤2　将电机安装到机臂上，如图7-2-8所示。注意：按对角线顺序拧螺钉，电机线头一定要朝着机臂方向，红色机臂和黑色机臂各自对应CW、CCW。

安装好的机臂如图7-2-9所示。

3. 安装机臂和中心底板

步骤1　将机臂固定到中心底板，如图7-2-10所示。注意：按对角线顺序拧螺钉。

步骤2　确定机头方向，机头电机为M1、M2，M1为CCW、M2为CW，机尾电机为M3、M4，M3为CCW、M4为CW，如图7-2-11所示。注意：机头方向为电源线正对方向，也是GPS模块和主控器正中心指向方向。

图 7-2-8 安装电机与机臂

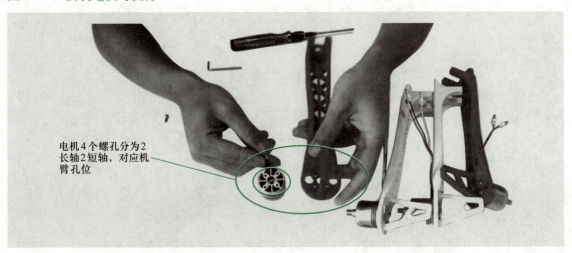

电机4个螺孔分为2长轴2短轴，对应机臂孔位

图 7-2-9 安装好的机臂

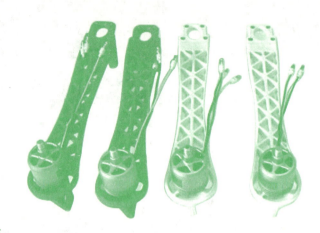

图 7-2-10 将机臂固定到中心底板

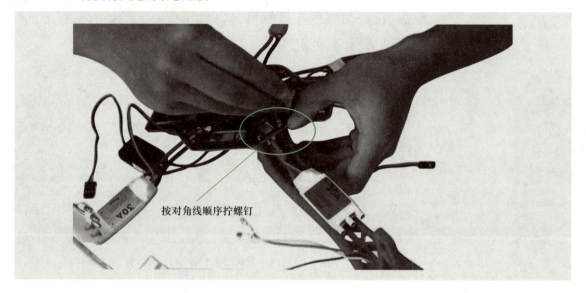

按对角线顺序拧螺钉

图 7-2-11 确定机头方向

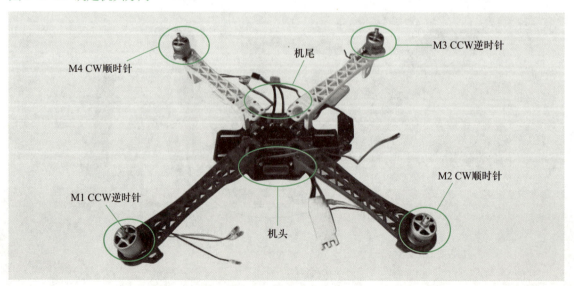

M4 CW顺时针

M3 CCW逆时针

机尾

M1 CCW逆时针

M2 CW顺时针

机头

4. 安装飞控

步骤1　清点DJINAZA-M Lite飞控组件清单：主控器（MC）、电源管理模块（PMU）、GPS模块及支架、LED指示灯、3P舵机线（8条）、胶带，如图7-2-12所示。

步骤2　选用乐迪R9D接收机，如图7-2-13所示。

图7-2-12 DJINAZA-M Lite 飞控组件

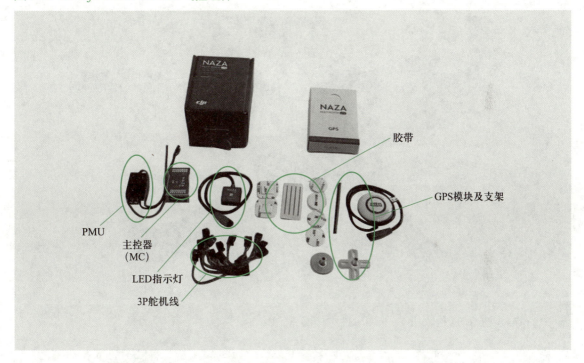

图7-2-13 乐迪 R9D 接收机

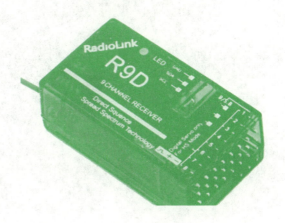

步骤3　将PMU信号线接至主控器X2位置处，如图7-2-14所示。

步骤4　乐迪R9D接收机与主控器连接时，取5根3P舵机线，从乐迪R9D接收机1~5端口接主控器A、E、T、R、U端口，必须一一对应，如图7-2-15所示。

图 7-2-14 将 PMU 信号线接至主控器 X2 位置处

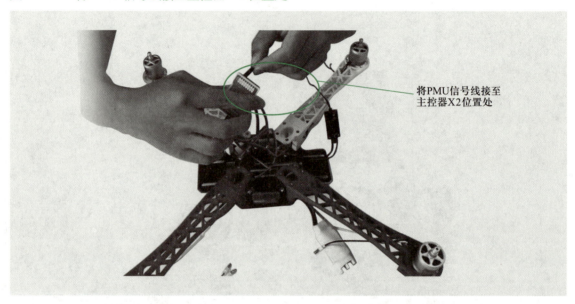

将PMU信号线接至
主控器X2位置处

图 7-2-15 乐迪 R9D 接收机 1~5 端口接主控器 A、E、T、R、U 端口

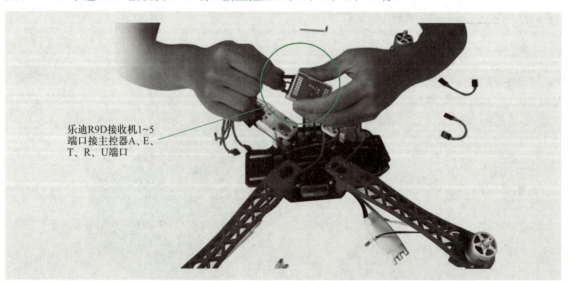

乐迪R9D接收机1~5
端口接主控器A、E、
T、R、U端口

步骤5　将M1~M4电调上的3P舵机信号线连接到主控器M1~M4端，必须一一对应，如图7-2-16所示。

步骤6　使用胶带固定主控器，并使其与无人机机身水平面保持平行；主控器电调输出端应朝向无人机正前方，并尽量将其安装在无人机底板中心；需要注意的地方是，确保主控器的所有端口不要被遮挡，方便布线及后面连接计算机进行调参，如图7-2-17所示。

图7-2-16 电调与主控器连接

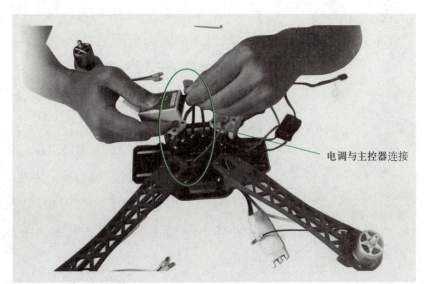

电调与主控器连接

图7-2-17 用胶带固定主控器

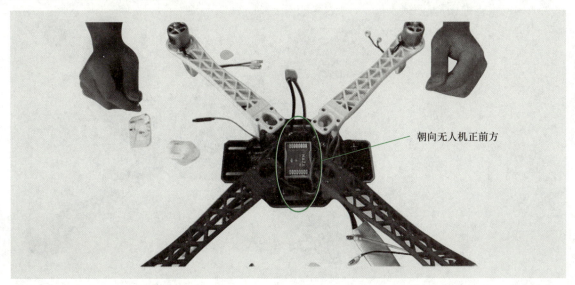

朝向无人机正前方

步骤7　确保各接线无误后，可以把各舵机线用扎带扎好。

5. 安装中心板

安装中心板（此时可以把GPS模块底座安在M4机臂螺钉孔上），如图7-2-18所示。注意：按对角线顺序拧螺钉。

6. 安装电机和电调

将电机3根接线（黄、红、黑）对应连接电调3个接线柱（U、V、W），连接方式为红线接U、黑线接W、黄线接V，如果调参时出现问题，任意交换2根接线即可。

7. 安装GPS及LED模块

注意：GPS模块为磁性敏感设备，应远离所有其他电子设备。

步骤1　使用502胶水组装GPS模块的碳杆支架。

步骤2　将GPS模块底座安装在无人机的上中心板机臂螺钉孔上，再用胶带把GPS模块固定在支架的顶盘上。GPS模块盖上的箭头指向无人机机头的正前方，如图7-2-19所示。

步骤3　将GPS模块接线口接到主控器的EXP接口处。

图 7-2-18 安装机身上板

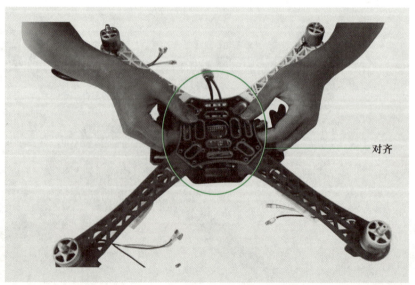

对齐

图 7-2-19 安装 GPS 模块

指向无人机机头的正前方

步骤4　将LED模块安装在机尾M3机臂处，用胶带固定好，接线口接到主控器的LED接口处。

步骤5　将GPS模块和LED模块多出的导线用扎带捆好，并且把电调用扎带固定好即可。

8. 安装螺旋桨（如图7-2-20所示）

图 7-2-20 安装螺旋桨

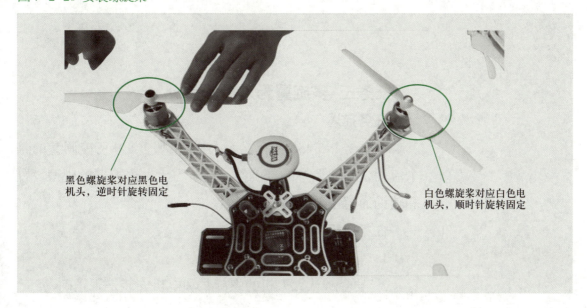

黑色螺旋桨对应黑色电机头，逆时针旋转固定

白色螺旋桨对应白色电机头，顺时针旋转固定

考核评价

根据任务完成情况，填写表7-2-1。

表 7-2-1 考核评价表

考核项目	内容	分值	自我评价	组内互评	教师评价
多旋翼无人机组装流程及工艺	流程	5			
	焊接工艺	10			
	安装螺钉	5			
组装多旋翼无人机	焊接电调	10			
	安装电机	10			
	安装机臂和中心底板	5			
	安装飞控	10			
	安装中心板	5			
	安装电机和电调	10			
	安装 GPS 及 LED 模块	5			
	安装螺旋桨	5			
安全与职业素养	遵守实训室管理规定	10			
	遵循实训室 6S 管理规范	10			
总评					

任务三 多旋翼无人机调参

任务描述

本任务以F450多旋翼无人机为例，学习飞控调参的整个流程，检验调参的准确性，并学习天九遥控器的模型设置和辅助通道设置。

任务目标

1. 掌握LITE飞控的调参流程。

2. 学会辨认无人机的螺旋桨和电机安装是否正确。

任务实施

1. 连接多旋翼无人机与计算机

步骤1 打开遥控器→ 连接飞机电源→ USB线连接LED灯和计算机USB串口。

步骤2 启动调参软件"DJI NAZAM Lite Assistant 1.00"→ 检查连接是否成功，观察调参软件右下角状态栏，如图7-3-1所示。

2. 飞控调参

（1）选择无人机类型

单击"基础"→"X型四旋翼无人机"，选择无人机类型。

（2）设置遥控器

步骤1 将接收机类型设置为普通。

步骤2 校准命令杆。单击"开始"，遥控器打最大行程量，重复动作几次，单击"OK"按钮，如图7-3-2所示。

步骤3 确保摇杆处于中位。观察行程条指示点是否处于中位状态，如果不处于中位，需要对遥控器进行校准，如图7-3-3所示。

图 7-3-1 连接显示

（a）连接失败

（b）连接成功

图 7-3-2 校准结束提示

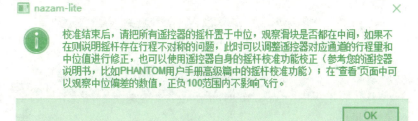

步骤4　检查每个通道（如图7-3-4所示）方向是否正确。例如：打右副翼时，A行程条指示点应该向右移动，若方向相反，单击"反向"按钮。依次检测各个通道是否正确。

（3）设置模式切换

步骤1　选择一个三位开关作为模式切换开关，以开关B为例：单击遥控器"MENU"→"辅助通道设置"→"通道5B正"。

步骤2　设置软件模式切换。通道5置于中位"1"→遥控器"MENU"→"舵角设置"→"起落架−31.52%＋31.52%"，开关B在不同位置的状态如图7-3-5所示。

步骤3　将全部感度设置为默认值"100%"，如图7-3-6所示。

图 7-3-3 确保摇杆处于中位　　　　图 7-3-4 遥控器通道

图 7-3-5 开关 B 在不同位置的状态

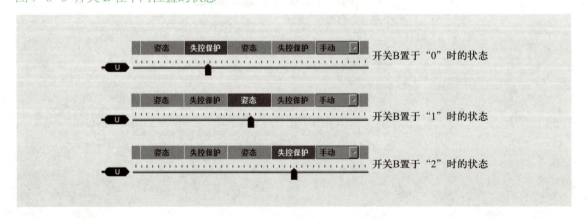

图 7-3-6 设置感度

步骤4　将电机怠速设置为低速，如图7-3-7所示。

步骤5　单击"工具"→"基础校准"→"开始"，检查IMU状态，如图7-3-8所示。

步骤6　导出参数进行保存，断开USB连接线，断开无人机电源。

图 7-3-7 设置电机怠速

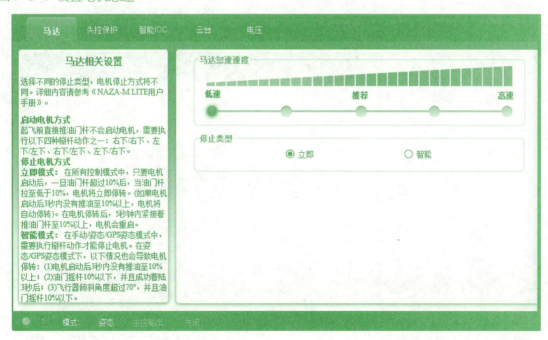

图 7-3-8 检查 IMU 状态

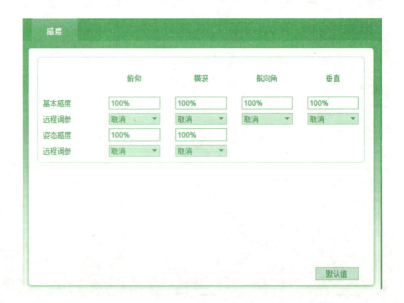

（4）检验调参结果

步骤1　将全部感度设置为默认值"100%"，如图7-3-9所示。

图 7-3-9 设置感度

步骤2　将电机怠速设置为低速，如图7-3-10所示。

步骤3　单击"工具"→"基础校准"→"开始"，检查IMU状态，如图7-3-11所示。

图 7-3-10 设置怠速

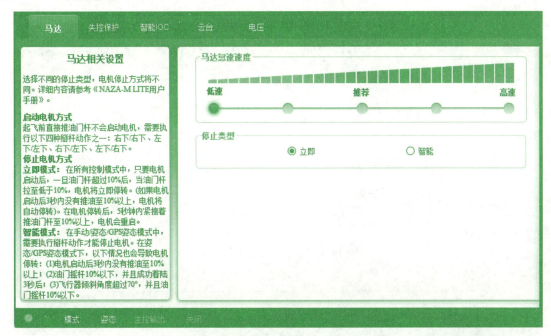

图 7-3-11 检查 IMU 状态

步骤4 导出参数进行保存，断开USB连接线，断开无人机电源。

考核评价

根据任务完成情况，填写表7-3-1。

表 7-3-1 考核评价表

考核项目	内容	分值	自我评价	组内互评	教师评价
多旋翼无人机调参	连接多旋翼无人机与计算机	15			
	选择无人机类型	15			
	设置遥控器	20			
	设置模式切换	15			
	检查调参结果	15			
安全与职业素养	遵守实训室管理规定	10			
	遵循实训室 6S 管理规范	10			
总评					

任务四 试飞多旋翼无人机

任务描述

完成多旋翼无人机后组装，需要进行试飞运行检测组装、调试效果。

任务目标

1. 了解多旋翼无人机的试飞流程。

2. 掌握多旋翼无人机试飞操作。

3. 通过试飞运行检测组装、调参过程中的问题。

知识准备

多旋翼无人机运行过程中的异常情况及处理方法如下：

① 如果多旋翼无人机出现剧烈抖动、颤动等情况，应将多旋翼无人机迅速降落，检查动力系统或对飞控重新进行

调参。

②如果发现多旋翼无人机在悬停模式下出现偏移、乱飞等现象，说明多旋翼无人机的GPS信号受到了干扰或GPS模块出现了故障，应降落多旋翼无人机并更换飞行场地或检查GPS模块。

③如果多旋翼无人机出现了飞行动作与遥控器遥控指令不符的现象，说明接收机的某通道可能出现了故障，应降落多旋翼无人机并进行无桨调试。

④如果多旋翼无人机出现自旋现象，可以尝试将磁罗盘重贴并重新校正，再次起飞后如果现象未消除，可尝试更换飞行场地。

任务实施

1. 起飞前检查

步骤1　确认油门行程已经校准。

步骤2　检查螺旋桨是否已经安装牢固。由于电机转动时速度很快，如果螺旋桨固定不牢，很容易使螺旋桨脱离电机，伤到周边的人，所以务必认真检查。

步骤3　确认螺旋桨是否完好无损。由于电机转速较高，任何裂纹都有可能造成螺旋桨的断裂。

步骤4　确认电机旋转方向与螺旋桨是否匹配。俯看电机，逆时针旋转装正桨，顺时针旋转装反桨。

步骤5　确认遥控器电量和多旋翼无人机电量充足，要保证电池可以用到调试完成。

2. 选择场地

多旋翼无人机的飞行需要一个安全的环境，这是为了保证多旋翼无人机的安全，也是为了保证人员的安全。在多旋翼无人机试飞时需要选择开阔的场地，并且人流量必须很小。飞行时天气也很重要，下雨或风力较大都不适合飞行。试飞时尽量在场地安装安全防护网。

3. 通电起飞

步骤1　接通电源。确保检查无误以后，就可以接通电源。

步骤2　解锁飞控。接电源，经过几秒后，遥控器就会连上接收机，并且飞控也启动了控制系统。这里要注意解锁方式。

步骤3　起飞。首次起飞一般容易出现断桨、炸机等事故。起飞的操作仅仅需要慢慢推动油门，在快要离开地面时，控制飞行姿态，平稳飞行。然后，稍微调整油门，使多旋翼无人机平稳地飞行在某个高度。

步骤4　飞行过程。在起飞后，需要使用摇杆来控制多旋翼无人机做一些简单的动作，了解多旋翼无人机接收发射机的指令是否能够正确处理。同时，也是在训练操作者的操控能力。新手操控时，多旋翼无人机的飞行方式可能会不稳，经过长时间的训练就会飞得越来越好。

4. 降落及检测

步骤1　缓慢拉下油门，并保持多旋翼无人机平稳飞行。

步骤2　多旋翼无人机开始降落时，油门停止向下拉，此时需要保持多旋翼无人机慢慢下落的趋势。

步骤3　待到多旋翼无人机接近地面时（大概距离地面15~20 cm），让多旋翼无人机保持当前高度1 s左右。

步骤4　让多旋翼无人机缓慢降落，并在距离地面5 cm左右时继续拉下油门直至多旋翼无人机着陆。随后将油门拉到最低，但注意此时不要随意接近多旋翼无人机，而是先将多旋翼无人机锁定。锁定多旋翼无人机后就可以接近无人机了。

步骤5　降落锁定多旋翼无人机，随后断开电源，检查多旋翼无人机是否有损坏。

考核评价

根据任务完成情况，填写表7-4-1。

表 7-4-1 考核评价表

考核项目	内容	分值	自我评价	组内互评	教师评价
多旋翼无人机异常情况处理方法	掌握处理方法	10			
多旋翼无人机试飞	起飞前检查	20			
	选择场地	10			
	通电起飞	30			
	降落及检测	10			
安全与职业素养	遵守实训室管理规定	10			
	遵循实训室 6S 管理规范	10			
总评					

项目小结

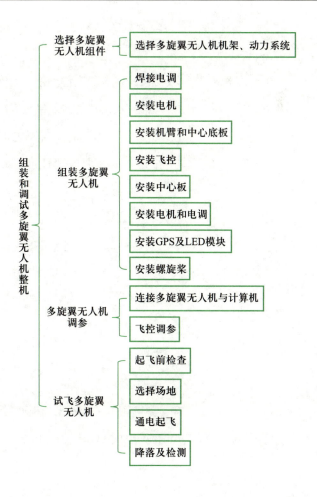

一、填空题

1. 多旋翼无人机主要由 _____ 、_____ 、_____ 、机载设备、_____ 、_____ 、遥控器等组成。

2. 多旋翼无人机气动结构布局形式主要有 _____ 、_____ 、_____ 、_____ 。

3. 将电调输入端的两根电线分别焊接在中心板上；注意事项：红线接" _____ "极，黑线接" _____ "极，电调背面朝 _____ ，确保焊点牢固并且不会出现 _____ 。

4. _____ 螺旋桨用低KV值电机，_____ 螺旋桨用高KV值电机。

二、判断题

1. 多旋翼无人机的机身，一般有3轴、4轴、6轴、8轴等系列。
（　　）

2. 旋翼越多，稳定性越差，因而3轴比4轴更容易平衡。（　　）

3. 玻璃纤维材料的特点是强度高、重量轻，但价格贵。（　　）

4. 焊接动力电源线时，红线接负极，黑线接正极。（　　）

5. 拧螺钉时，力度要适度，建议先拧至2/3处，然后全部拧紧。
（　　）

三、选择题

1. 现在的（　　）四旋翼无人机已经成为消费级无人机的主流机型。

A. X型　　　　　　　　　　B. 十型

C. Y型　　　　　　　　　　D. H型

2. （多选题）多旋翼无人机动力系统，一般由（　　）组成。

A. 电池　　　　　　　　　　B. 电机

C. 电调　　　　　　　　　　D. 螺旋桨

3. （多选题）多旋翼无人机通常选用（　　）和（　　）。

A. 有刷电机　　　　　　　　B. 无刷电机

C. 有刷电调   D. 无刷电调

四、思考题

1. 为什么对于初学者来说，要选用四轴的塑料机架？

2. 简述多旋翼无人机飞控调参的一般流程。

3. 什么是无人机的飞控系统？

4. 电机CW、CCW分别代表什么含义？

5. 主控器A、E、T、R、U端口分别代表什么？

6. 简述多旋翼无人机起飞前检查事项。

图书在版编目（CIP）数据

无人机组装与调试 / 陈永杰，李刘求主编. -- 北京：
高等教育出版社，2021.12（2024.11重印）
职业教育无人机操控与维护专业
ISBN 978-7-04-055876-0

Ⅰ．①无… Ⅱ．①陈… ②李… Ⅲ．①无人驾驶飞机
-组装-中等专业学校-教材②无人驾驶飞机-调试方法
-中等专业学校-教材 Ⅳ．① V279

中国版本图书馆 CIP 数据核字 (2021) 第 044575 号

无人机组装与调试
WURENJI ZUZHUANG
YU TIAOSHI

策划编辑	李　刚
责任编辑	李　刚
封面设计	张雨微
版式设计	王艳红
插图绘制	于　博
责任校对	王　雨
责任印制	高　峰

出版发行	高等教育出版社
社　　址	北京市西城区德外大街 4 号
邮政编码	100120
印　　刷	廊坊十环印刷有限公司
开　　本	787mm×1092mm 1/16
印　　张	16
字　　数	220 千字
购书热线	010-58581118
咨询电话	400-810-0598
网　　址	http://www.hep.edu.cn
	http://www.hep.com.cn
网上订购	http://www.hepmall.com.cn
	http://www.hepmall.com
	http://www.hepmall.cn
版　　次	2021 年 12 月第 1 版
印　　次	2024 年 11 月第 3 次印刷
定　　价	33.00 元

郑重声明

高等教育出版社依法对本书享有专有出版权。任何未经许可的复制、销售行为均违反《中华人民共和国著作权法》，其行为人将承担相应的民事责任和行政责任；构成犯罪的，将被依法追究刑事责任。为了维护市场秩序，保护读者的合法权益，避免读者误用盗版书造成不良后果，我社将配合行政执法部门和司法机关对违法犯罪的单位和个人进行严厉打击。社会各界人士如发现上述侵权行为，希望及时举报，我社将奖励举报有功人员。

反盗版举报电话　　（010）58581999　58582371
反盗版举报邮箱　dd@hep.com.cn
通信地址　北京市西城区德外大街4号　高等教育出版社法律事务部
邮政编码　100120

读者意见反馈

为收集对教材的意见建议，进一步完善教材编写并做好服务工作，读者可将对本教材的意见建议通过如下渠道反馈至我社。

咨询电话　400-810-0598
反馈邮箱　zz_dzyj@pub.hep.cn
通信地址　北京市朝阳区惠新东街4号富盛大厦1座
　　　　　高等教育出版社总编辑办公室
邮政编码　100029

防伪查询说明

用户购书后刮开封底防伪涂层，使用手机微信等软件扫描二维码，会跳转至防伪查询网页，获得所购图书详细信息。

防伪客服电话
（010）58582300

学习卡账号使用说明

一、注册/登录

访问http://abook.hep.com.cn/sve，点击"注册"，在注册页面输入用户名、密码及常用的邮箱进行注册。已注册的用户直接输入用户名和密码登录即可进入"我的课程"页面。

二、课程绑定

点击"我的课程"页面右上方"绑定课程"，在"明码"框中正确输入教材封底防伪标签上的20位数字，点击"确定"完成课程绑定。

三、访问课程

在"正在学习"列表中选择已绑定的课程，点击"进入课程"即可浏览或下载与本书配套的课程资源。刚绑定的课程请在"申请学习"列表中选择相应课程并点击"进入课程"。

如有账号问题，请发邮件至：4a_admin_zz@pub.hep.cn。